装配整体式混凝土结构工程产业工人培训教材

ZHUANGPEI ZHENGTISHI HUNNINGTU JIEGOU
GONGCHENG SHIGONG JISHU

装配整体式混凝土结构工程施工技术

主　编　陆飞虎　刘　备

副主编　石　伟　吕庆红　赵路青　张兴龙
　　　　刘　玥　陈　涛

参　编　杨华阳　张玉全　陶玲霞　段淑娅
　　　　陆飞凤

审　定　张卫东　任建设　刘明宙　刘继朝
　　　　郑国清　左丽丽　李正茂　余　谋

合肥工业大学出版社

图书在版编目(CIP)数据

装配整体式混凝土结构工程施工技术/陆飞虎,刘备主编.—合肥:合肥工业大学出版社,2016.9(2024.2重印)

ISBN 978-7-5650-2981-3

Ⅰ.①装… Ⅱ.①陆…②刘… Ⅲ.①建筑材料—装配(机械)—技术培训—教材 Ⅳ.①TU74

中国版本图书馆CIP数据核字(2016)第224380号

装配整体式混凝土结构工程施工技术

主 编 陆飞虎 刘 备 责任编辑 张择瑞

出 版	合肥工业大学出版社		版 次	2016年9月第1版
地 址	合肥市屯溪路193号		印 次	2024年2月第2次印刷
邮 编	230009		开 本	710毫米×1010毫米 1/16
电 话	理工图书出版中心:0551-62903204		印 张	8.25
	营销与储运管理中心:0551-62903198		字 数	157千字
网 址	press.hfut.edu.cn		印 刷	安徽联众印刷有限公司
E-mail	hfutpress@163.com		发 行	全国新华书店

ISBN 978-7-5650-2981-3 定价:20.00元

前　言

随着现代建筑工业技术的发展，建造建筑物可以像工业流水线生产产品那样，在工厂中成批成套地预制各部分构件，再把预制好的构件通过专门的运输工具运到工地现场装配起来，形成各种形式的装配整体式建筑物。装配整体式建筑具有明显的优点：大量的建筑部品和构件由车间生产加工完成；现场原始现浇作业大大减少，主要依靠装配作业来完成；采用建筑、装修一体化设计、施工的建筑模式，力求使装修可随主体施工同步进行；设计的标准化和管理的信息化高度集成，构件越标准，生产效率越高，相应的构件成本就会下降，再配合工厂的数字化管理，整个装配式建筑的性价比会越来越高；符合绿色建筑的要求。由于装配整体式建筑的建造周期短、生产成本较低，世界各地迅速推广开来，我国也有越来越多的建筑企业在推进装配整体式建筑施工技术的应用。

装配整体式建筑的大量应用意味着需要大量合格的产业工人，而目前建筑市场的产业工人数量严重不足，这就需要我们将传统的建筑工人经过培训后转化成合格的产业工人，但是目前建筑市场上还没有成熟的专门针对产业工人培训的教材。受安徽省住宅产业化促进中心和合肥市建筑市场监督管理处的委托，经过前期充分的市场调研，安徽建工技师学院和安徽宇辉新型建筑材料有限公司组织相关装配整体式建筑企业、工程技术人员共同编写出同当前我国建筑市场接轨的产业工人培训教材，填补了国内装配整体式混凝土结构产业工人培训教材的空白。

本教材结合产业工人自身的特点，包括装配整体式混凝土结构体系基础知识、装配整体式混凝土结构识图、装配整体式混凝土结构施工、现场管理等四个章节，主要涉及模板工程施工、钢筋工程施工、混凝土工程施工、水电管线与埋件预埋工程施工、测量放线工程施工、装配工程施工、注浆工程施工、脚手架工程施工、设备操作工程施工等内容。教材内容深入浅出、逻辑清晰、图文并茂、生动形象，能够体现出我国在装配整体式混凝土结构中先进的施工技术，为培养出合格的装配整体式产业工人奠定技术基础。

本教材主要编写人员为：陆飞虎、刘备、石伟、吕庆红、赵路青、张兴龙、刘玥、陈涛、杨华阳、张玉全、陶玲霞、段淑娅、陆飞凤等，由张卫东、任建设、刘明宙、刘继朝、郑国清、左丽丽、李正茂、余谋等装配式建筑领域的专家和技术骨干审定。

由于编者水平有限，国内又无相关资料参考，加之时间仓促，书中存在疏漏之处在所难免，恳请各类工程技术人员及教材的使用者能提出宝贵意见与建议，以便我们再版时修订、完善。

编者

2016 年 12 月

目　　录

第一章　装配整体式混凝土结构工程基础知识

近年来，建筑产业迎来了一场巨大的革命——建筑产业现代化。目前，大部分建筑普遍采用现浇结构，这与过去“秦砖汉瓦”盖房子的方式是一样的。而建筑产业现代化则不一样，它在工厂流水线上生产建筑物的大部分部品部件，像造汽车一样在工地进行建筑部品部件的装配，而工地只是一个组装厂。建筑工人不用再冒着严寒、顶着酷暑施工，建筑工人变身产业工人，现场不再尘土飞扬，不再有大机器刺耳的轰鸣，造房子就像是搭积木一样，将一个一个的部件一层一层垒起来，这样的施工场景，已经逐渐成为我国建筑产业发展的新趋势。

第一节　装配整体式混凝土结构

随着经济发展，我国逐步进入老龄化社会，熟练和半熟练技术工人越来越缺乏，人工成本逐年增加，人员流动性大，迫使工程成本增大；同时，工程项目竣工后，后期的维护、保修工程量大，浪费人力、物力和时间。而在传统思路中，盖房子总是先做土建，再装设备，最后做装修。这就迫切需要改变传统的建设模式，而装配整体式混凝土结构体系的应用则颠覆了这一思路。装配整体式混凝土结构是建筑行业的一次技术革命，它的发展将引领建筑行业朝着一个全新的模式和方向发展。采用装配整体式混凝土结构体系建造的住宅产品，基本消除了墙体常见的渗漏、开裂、房间尺寸偏差等质量通病，同时还能够节能降耗、减少环境污染等。装配整体式混凝土结构体系的实施，将节约大量的建筑成本，极大地提高施工效率。

一、装配整体式混凝土结构体系的概念和内涵

1. 装配整体式混凝土结构体系的概念

装配整体式混凝土结构体系是指以构件工厂化生产，现场装配式施工为生产模式，以设计标准化、构件部品化、施工机械化、管理科学化为特征，横跨第二、第三产业，经济关联度高，产业拉动性强，能够整合设计、生产、施工等整

个产业链，实现住宅产品节能、环保、全寿命周期价值最大化的可持续发展的新型建筑生产方式。通俗点讲，装配整体式混凝土结构体系就像造汽车一样造房子。所有部品、部件都在工厂生产，到现场进行拼装，保证工期，保证质量，提高施工安装效率，缩短工期。

2. 装配整体式混凝土结构体系的内涵

装配整体式混凝土结构以工业化、信息化、低碳化为导向的现代化结构调整和转型，是以新型建筑体系和部品体系为主，通过将生产全过程的开发、设计、施工、部品部件生产、管理和服务等环节联结为一个完整的产业链系统，实现标准化基础上的多样化、工厂化生产基础上的装配化、模数化基础上的部品部件通用化、土建装修一体化基础上的低碳化，以提高建筑物质量和性能，实现资源循环利用，建设“四节一环保”高标准型建筑物。具体来讲，装配整体式混凝土结构的基本内涵是：终端产品绿色化，建筑生产工业化，建造过程精益化，全产业链集成化，项目管理国际化，管理人才职业化，产业工人技能化。随着时代的前进、科学技术的发展，住宅产业化也将被赋予新的内涵。

二、发展装配整体式混凝土结构的目的和意义

当前我国已经进入全面建设小康社会的关键时期，是深化改革开放、加快转变经济发展方式的攻坚时期，一方面我国的工业化、城镇化快速发展，群众生活质量得到明显改善，另一方面我国人多地少，资源紧缺，资源环境综合承载能力有限，因此，必须加快建立符合中国国情的建筑产品模式和消费模式。

推进装配整体式混凝土结构体系的应用是机械化程度不高和粗放式生产方式升级换代的必然要求，是建设工业发展的必然趋势。发展装配整体式混凝土结构，对于建筑业提升技术集成配套，倡导绿色安全施工，降低资源能源消耗，减轻环境污染程度，提高建筑物功能质量和综合品质，改善人居环境，推动产业结构调整和经济发展方式的转变，实现经济社会可持续发展，都具有十分重要的意义。

1. 发展装配整体式混凝土结构的目的

（1）提高建筑物的质量和功能，降低建筑物的生产成本

长期以来我国建筑物建设的发展水平不高，建筑建设的技术手段较为落后，现场施工较多，生产成本较高，传统的生产模式效率低下，建筑质量达不到设计要求和用户要求，使用功能差的问题一直得不到解决。装配整体式混凝土结构就是要变传统的“现场建造”为大规模的“工厂制造”，提高住宅建造效率，变湿作业为干作业，从而能提高工程质量和降低成本，成为增加供给和提高科技含量的重要途径。它旨在以标准化、工厂化大量生产的方式建造住宅，通过集约化的

设计与施工，改善生产的条件与环境，提高建筑物质量和功能，同时使建设的生产成本降低，使建筑物真正达到“物有所值”。

（2）提高建设的劳动生产率

长期以来我国建筑产品建设以半手工半机械化方式生产，劳动生产效率低，这是造成我国建筑相关领域效益低下的重要内在原因。装配整体式混凝土结构就是将建设变成以工业化、社会化大生产为主的集约型生产和经营方式，由社会化大生产的方式来改造传统的建筑产业，把现在半手工半机械的比较落后的建造方式，转变成一种工业化生产方式，简化现场操作，改善工作条件，降低劳动强度，提高劳动生产率，满足社会需求，同时将整个行业和企业经济效益的提高建立在提高劳动生产率的基础之上。

（3）减少对熟练技术工人的依赖

用传统的生产方式生产优质建筑需要大量的熟练技术工人，而我国熟练技术工人明显不足，取而代之的只有大量未经正规培训的工人，而且随着社会人口结构的变化，未经培训的工人的数量将会逐渐减少，这种不足将更加严重。装配整体式混凝土结构以工厂化、装配化的方式进行生产，减少了中间环节，优化了资源配置；简化了生产过程，对原有的操作技术要求降低，对熟练技术工人的依赖也会大大减少。从长远看，这也是发展装配整体式混凝土结构的重要原因。

2. 发展装配整体式混凝土结构的意义

随着新型城镇化稳步推进、人民生活水平不断提高，全社会对建筑品质的要求越来越高。与此同时，能源和环境压力逐渐加大，建筑行业竞争加剧。推动装配整体式混凝土结构体系是解决一直以来房屋建设过程中存在的质量、性能、安全、效益、节能、环保、低碳等一系列重大问题的有效途径；是解决一直以来房屋建设过程中建筑设计、部品生产、施工建造、维护管理之间相互脱节、生产方式落后问题的有效办法；是解决当前建筑业劳动力成本提高、劳动力和技术工人短缺以及改善工人生产、生活条件的必然选择。

推进装配整体式混凝土结构，对推动建筑业产业升级和发展方式转变，促进节能减排和民生改善，推动城乡建设走上绿色、循环、低碳的科学发展轨道，实现经济社会全面、协调、可持续发展，不仅意义重大，更迫在眉睫。具体表现在：

（1）加速提高建筑产品的建设速度和质量，满足人民生活水平提高后对量和质的需求

原有的建设方式生产效率低，施工周期长，档次不高，质量难以得到保证。通过发展装配整体式混凝土结构，加快建设的速度，提高质量、档次和技术含量。

（2）以社会化大生产方式进行建筑生产，优化资源配置，减少中间环节，提高效率

装配整体式混凝土结构体系将原来被割裂开来的投资、设计、构配件制造、施工等各生产环节及各相关行业紧密联结起来，形成有机的整体。以工业化大生产的方式，连续大批量地生产优质适价的标准化建筑物，减少中间环节，实现建设中的资源优化配置；改变目前建筑产业高能耗，粗放发展的现状，减少生产对产品的影响；可以提高建设的质量、速度、效率，提高经济效益和社会效益。

（3）带动经济全面快速发展，有助于促进建设相关领域的发展

由于建筑产品本身具有很大的产品关联性，可以带动相关产业的发展，从而促进经济的快速发展。建设行业一直属于技术水平和管理水平较低的行业，劳动生产率不高，经济效益差。装配整体式混凝土结构是依靠机制的创新、科技的创新来提高建筑的规划设计水平，通过积极开发、推广新材料、新技术、新工艺、新产品，逐步形成系列化开发、规模化生产，实现住宅的标准化、生产工业化，推动建筑产业整体水平的发展，从而带动相关领域经济的发展。

（4）促进建设领域技术与管理水平的提高

建设领域的相关行业一直是工业领域里技术水平和管理水平较低的行业，技术进步的潜力巨大，技术层次要求又不太高。因此推行装配整体式混凝土结构，提高技术水平和管理水平也符合建设行业发展的迫切需求。装配整体式混凝土结构改变原有的生产方式，使住宅生产技术上了一个台阶，与之相应的管理水平也提高了一步。装配整体式混凝土结构具有示范作用，使建筑及相关领域有了一个现实可行的发展目标，从而刺激和触动相关行业推进技术进步，提高管理水平和人员素质，使全产业的技术水平和管理水平有所提高，也会使人们对建设相关领域刮目相看。

三、装配整体式混凝土结构体系的优势

1. 全面提升建筑物综合品质

采用装配整体式混凝土结构方式，部品生产实现工厂式流水施工预制，分项工程由少数固定的娴熟产业工人操作实施；实现了更高的生产力和更佳的质量控制，全面提升了建筑物的品质；基本消除了传统施工常见的渗漏、开裂、空鼓、房间尺寸偏差等质量通病，实现了主体结构精度偏差由厘米级向毫米级转变，建筑室内空间舒适度、整体安全等级、防火性和耐久性更加优良。

2. 较大幅度地提高劳动生产效率、缩短工期

采用装配整体式混凝土结构方式，机械化程度高，大部分工作由机器完成，生产效率大大提高。由于构件生产和现场建造在两地同步进行，建造、装修和设

备安装一次完成，建造过程中建造工人减少了50%左右，建设周期缩短了50%以上，不仅减少了人工成本，而且大大缩短了生产、安装周期，效率提升。

3. 减少资源、能源消耗，减少建筑垃圾，有利于环境保护

采用装配整体式混凝土结构方式，以新型工业化制造建筑部品，节煤省地；可减少二氧化碳、二氧化硫和二氧化氮等有害物质的排放；而建造阶段则大大减少了材料和能源消耗、建筑垃圾的产生、建筑污水的排放、建筑噪音的干扰、有害气体及扬尘对周围环境的影响，现场施工更加文明，体现了绿色施工。

4. 施工受环境和工作面因素影响小

装配整体式混凝土结构建造方式大部分构配件在工厂生产，现场基本为装配作业，受降雨、大风、冰雪等气象因素的影响较小。打破了传统建造方式受工程作业面和气候影响的束缚，在工厂里可以成批次的重复制造，实现四季“全天候”生产。

5. 降低建造成本，经济效益明显

采用装配整体式混凝土结构方式，建筑物部品部件都在工厂制作，工厂化大生产，成本降低。施工现场模板用量减少85%以上，文明施工措施费减少50%以上，钢材节约2%，混凝土节约7%，人工费节约50%，节水40%以上，节电35%以上，耗材节约60%，经济效益十分明显。

6. 转变建筑工人身份，降低劳动强度，提高收入，促进社会和谐

采用装配整体式混凝土结构方式，减少了施工现场临时工的用工数量，建筑工人由“露天作业”向“工厂制作”为主的产业工人转变。生产过程采用机械化生产，产业工人不需要体力劳作，大大降低了劳动强度，同时劳动效率的提高，也使得产业工人收入提高。由于生产场所固定，减少了临时工人的用量和流动，从而可有效减少因劳动报酬、夫妻两地分居等因素导致的社会不稳定现象。

7. 减少施工事故

采用装配整体式混凝土结构方式，现场的事情工厂做、高空的事情地面做、室外的事情室内做、危险的事情机器做。与传统建筑相比，产业化建筑建造周期短、工序少、现场工人需求量小，大部分工作由机器代替，可进一步降低发生施工事故的概率。

四、装配整体式混凝土结构发展前景

装配整体式混凝土结构的出现带来了一场建筑产业革命，不仅极大地提高建筑生产工业化程度，提高生产效率，降低工人劳动强度，缩短生产周期；而且能提高建筑物质量，改善居住水准；通过减少能耗和资源损耗，减轻人类活动对自然环境的压力。这将引起建筑生产翻天覆地的变革，使建筑工人从手工操作中解

放出来，给人们的生活带来更多科技享受。

21 世纪前十年是我国建筑产业的初步发展时期，在这期间，装配整体式混凝土结构的标准已经形成并已有一部分产业化建筑物投入使用。随着一系列相关政策、制度、技术、标准的更新完善，这一理念正在一步步变成现实。

近年来，装配整体式混凝土结构已经迎来了最佳的发展机遇期。装配整体式混凝土结构因其广阔的发展前景，日益受到国家层面和地方政府及企业的重视。20 余个省市纷纷出台了有关装配整体式混凝土结构发展的指导意见和一些相关的政策措施，促使中国装配整体式混凝土结构发展有了长足的进步。100 多家国内外知名企业组成产业集团联盟，目的是以集团化发展和信息化建设为突破口，迅速在中国形成一批具有相当规模和竞争力的大型产业集团，实现标准化系列化开发、集成化规模生产、社会化配套供应、专业化高效服务的目标，最终实现产业现代化。

对于建筑产业化，未来的道路任重而道远，我国尚处在产业化初期阶段，发展前景很好。在全国推动产业现代化的浪潮中，有些城市如辽宁沈阳、安徽合肥取得了比较瞩目的成绩，其发展为装配整体式混凝土结构的实施打下了坚实的基础，增强了百倍的信心。

2014 年 3 月，《国家新型城镇化规划（2014—2020）》出台，强调了建筑业发展新思路对新型城镇化的重要意义。唯有坚持不懈地推动建筑产业现代化，实现建筑建设方式的现代化转型，才能更好地满足新型城镇化的需求。与此同时，社会公众对生活质量日益提高的需求与严峻的环境形势之间的矛盾，也倒逼建筑业生产方式的转型，迫使我们必须走出一条集约、节能、环保的道路来。国家新型城镇化建设如火如荼，为装配整体式混凝土结构的推进创造了千载难逢的历史机遇。

2014 年是中国装配整体式混凝土结构的元年，中国大地百花齐放，百家争鸣，一片欣欣向荣的世态，装配整体式混凝土结构的春天已经到来。掀起的建筑产业化热潮“将培养出一批建筑产业工人，把建筑工人从传统辛苦劳作方式中解放出来”。

第二节　装配整体式混凝土结构产业工人

一、传统建筑业中的工人

2015 年，是承接“十二五”和“十三五”规划的关键一年，更是攻坚克难的转折之年。住房和城乡建设部下发了指导当前和今后一个时期我国建筑业健康、协调、可持续发展的纲领性文件——《关于推进建筑业发展和改革的若干意见》(以下简称《意见》)。《意见》总结了历年来关于建筑业改革的一系列经验和教训，紧密结合建筑业发展中的突出问题，明确凸显“人”的重要作用。因此，建筑业改革的另一个重点是“人”开始受到越来越多的关注，其表现为两点：一是“淡化工程建设企业资质、强化个人执业资格”；二是农村劳动力产业工人化趋势显现。

随着我国国民经济的不断发展，建筑业保持了迅猛增长的态势，前景发展广阔。但是，近几年来建筑业工人的结构性短缺，已成为建筑业持续发展和做大做强，以及建筑业企业核心竞争力的巨大障碍。

1. 建筑业人员基本构成

建筑业的人员结构呈宝塔型，塔尖是管理人员，中层是技术人员，塔底是绝大多数施工工人。

我国有庞大的施工工人队伍，现在在建筑业从业人数高达3500万人，其中绝大部分是非技术性工人，有2500万是来自农村的劳动力。固定工的比重约20%，合同工、临时工约占80%。国内劳动力的主要来源还是没有受过职业技能训练的刚刚从土地解放出来的劳动力。农村劳动力是中国经济社会转型时期的特殊概念，是改革开放和工业化、城镇化进程中涌现出的新型劳动大军。

2. 建筑工人概念

建筑业工人是产业工人当中的一种，一般认为它是伴随工业革命而产生的。建筑业工人有广义和狭义之分，狭义上的建筑工人是指从事建筑工作的工人；广义上讲是指围绕建筑业进行工作的各种相关群体，如工程师、职业经理、普通工人等等。而建筑工人又分为正式工人和临时工人。现在的建筑工人基本上是来自农村的农民。

3. 建筑工人现状

20世纪90年代中后期，中国逐步从计划经济体制向市场经济体制过渡，产业工人的市场化观念进一步增强，其生产生活状况、思想心态甚至社会地位都发生了很大变化。一方面，市场经济的日益发展造成了越来越广泛的劳动者雇佣化状况，使得不管是一般的脑力劳动者还是体力劳动者的待遇日益趋同，另一方面，现实中建筑工人这一劳动群体的工作和生存状况不容乐观。

建筑工人基本现状总结：

(1) 失地农民逐渐加入建筑工人队伍。

(2) 建筑业新生代农村劳动力比重上升。新生代农村劳动力在一线建筑工人中的比重已经达到三分之一，其文化水平总体高于上一代农村劳动力。

(3) 拖欠一线建筑工人的工资时有发生。

（4）农业生产效率的提高倒逼农村劳动力无产化进程加快。

（5）建筑工人对劳动合同签订主体的认知率仍处于低位，但新生代农村劳动力更倾向于和总包建筑公司签订劳动合同。

（6）建筑工人的劳动合同签订率只有17.4%，而北京建筑行业与劳动合同“躲猫猫”现象甚是普遍，逼签假合同成为建筑工人维权的重大障碍。

（7）建筑工人的短工化现象非常明显。超过一半的建筑工人平均每两个月就要轮换一个工地，短工化使得建筑工人的劳动权益更加难以保障。这种高度的流动性和短工化，可以让建筑资本降低生产成本，规避相应的法律责任。而建筑工人高度的农民属性（建筑工人对农村家庭事务和土地的感情与卷入），也使得建筑资本将其用来实现资本增值。久而久之，建筑工人也习惯了这种短工化，认为其相当自由，但这种自由与其说是建筑业农村劳动力自己选择的结果，不如说是被建筑业特点改变的结果，短工化造成的高度流动性和就业不足严重影响了建筑工人的工资保障。

（8）建筑工地依法支付加班费的比例不足十分之一，高达99%的建筑业工人没有周末与法定节假日。带薪年休假、奖金与分红对于建筑业工人而言实施难度还比较大。建筑工地成为社会保险真空地带。建筑行业社会保险覆盖率极低，最重要的工伤保险覆盖率不足十分之一。工伤维权面临“工伤拒赔”难题。

（9）工会组织在建筑业工人劳动保障方面作为有限。工人对工会的认知率比对劳动合同的知晓率低得多，近八成的工人不知道“劳动者有组织工会的权利”。在遇到困难和问题时，超过九成的工人没有向企业工会、地方工会和行业性工会寻求过帮助。工会并未被工人纳入到可以利用的资源库中。

二、产业工人

20世纪90年代中后期，中国逐步从计划经济体制向市场经济体制过渡，产业工人的市场化观念进一步增强，其生产生活状况、思想心态甚至社会地位都发生了很大变化，凸现了一些新的特点。

近年来的产业结构调整给产业工人队伍结构带来了较大影响，其内部显现多元化特征：在一些效益较好的垄断性行业和企业，职工收入较高，心态平和，对未来充满信心；在外资或者合资、私营企业中，年轻工人较多，他们普遍期望受到更多的职业技能培训，以增强今后择业的竞争力。

目前，中国产业工人队伍出现“六多六少”新变化，这“六多六少”具体表现在以下几个方面。

第一，产业工人受教育的程度普遍提高，但职业技能和技术水平相对下降。据对有关统计资料的分析，高中以上文化教育程度的产业工人约占产业工人总数的40%，这一比例比过去有了明显提高。但从另一方面看，高级技术工人和工人技师不到总数的10%，熟练工和初级技工占了近40%，大量产业工人从事的是没有多少技术含量的工作。据对黑龙江、重庆、四川等老工业基地调查的情况分析，产业工人技能水平相对下滑，已成为发展的“瓶颈”，在一定程度上制约了中国迈向制造业大国的步伐。陕西和上海的不少一线工人都提出了对技能培训的迫切要求。另外，还有不少下岗和离岗工人由于缺少技能，再就业难度很大。

第二，产业工人的收入和生活条件比以前有了较大提高，但增长速度比较缓慢。调查发现，产业工人的整体生活水平明显改善，收入呈现逐年增长态势，但由于对产业工人的劳动用工、医疗保障、住房制度等方面的制度尚未完善，有关产业工人切身利益的一些政策未完全落实，使他们过多地承担了改革成本，与其他群体的收入差距正逐步拉大。而且，不同行业和所有制之间的经济效益差别，也造成了不同职业工人的工资收入差距。

第三，产业工人就业流动性增加。国有企业改革的深化、经济和产业结构的大幅度调整，彻底打破了几十年计划经济形成的职工一岗定终身的就业模式，产业工人在不同产业、不同行业、不同所有制企业间流动变得频繁起来。很多工人逐渐从被动转岗、下岗到主动竞争择业，就业观念开始自觉地与市场经济接轨。

第四，以合同制为主要内容的新型劳动关系为越来越多产业工人所接受，但管理者与被管理者之间的亲和力有所减弱。经过几十年的发展，越来越多的产业工人由过去留恋计划经济时代“铁饭碗”过渡到普遍接受劳动合同制，明确了工人与企业在权责利方面的关系。企业经营管理者与普通工人的根本利益从整体上说是一致的。

第五，产业工人特别是农村劳动力权益被侵害的现象增多，制度保护、政府保护、组织保护等缺失。近年来，涉及产业工人的劳动争议数量不断攀升，在劳动关系的矛盾中，工人合法权益受到侵害具有一定的普遍性，拖欠、克扣工资、强迫超时工作等现象屡有发生。由于在激烈就业竞争中处于相对弱势地位，加之劳动力市场管理不够完善，部分产业工人在经济地位、社会保障、民主权利等方面存在不平等待遇的问题。主要表现为：整体工资收入偏低、各项社会保险参保率低、民主参与渠道少。

三、装配整体式混凝土结构引领建筑工人转变

农村劳动力伴随着中国工业化、城镇化和改革开放的进程而产生和不断发展。随着工业化的推进和城镇化的提速，已有一亿多农村劳动力转移到非农产业，使中国工人队伍结构发生了历史性的变化，农村劳动力正成为产业工人的主体。据国务院农民工课题调查统计，第二产业中，农村劳动力占从业人数总数的

57.6％，其中在加工制造业中占到68％，在建筑业中占到近80％，在第三产业的批发、零售、餐饮业中，农村劳动力占从业人员人数的52％以上。相当一部分农村劳动力，由过去一人进城到现在举家进城，由暂时居住到稳定居住，由从事简单劳动到从事技术工种，由离乡不离土到离乡又离土。有的进城农民，正在逐步变为城镇居民、企业工人和工商业经营者。

多年来，农村劳动力在用自己的汗水和努力实现着自己的希望和价值的同时，也为城市创造了财富，提供了税收。农村劳动力进城务工，不仅是农民就业的需要，也是城市发展的需要；不仅是农民增收的重要渠道，也是我国制造业和服务业始终保持低成本竞争优势的重要因素。随着越来越多农业户口的劳动力进城务工，全社会对正确看待和公正对待农民工的问题给予了前所未有的高度重视。党中央、国务院强调，当前要突出抓好两件事：一是要保障进城就业农民的合法权益，二是加强对农村劳动力的职业技能培训。农村劳动力是我国改革开放和工业化、城镇化进程中涌现出的新型劳动大军，长期以来，建筑业使用农村劳动力不规范，造成了侵害农民工权益的事件屡屡发生；而针对农村劳动力的有效管理制度的缺乏，也促使了“农民工人保证金”等单向监管措施的出台，对建筑企业形成了一定的压力，也给建筑业的可持续发展带来了挑战。随着我国城镇化的持续推进，农村劳动力产业工人化也将成为必然趋势。

随着我国人口红利的淡出，建筑业的“招工难”“用工荒”现象已经出现，而且仍在不断加剧，传统模式已难以为继，必须向建筑产业现代化道路转轨。十八大以后国家提出要城镇化，这就需要把大量的农村劳动力转变为产业工人，让他们能够在城市定居下来，让他们的孩子可以在城市上学读书，让农村不再有那么多的空巢家庭。

建筑产业现代化绝不仅仅是一个行业的革命，还将影响到整个社会人口流动的大变革，因为建筑产业现代化会直接影响到一亿多农村劳动力的生活方式和思维方式。为此，我们将在后续章节就装配整体式混凝土结构产业工人应该掌握的相关工种工程的施工技术及管理知识（包括安全管理知识）进行详细的阐述。

第二章　装配整体式混凝土结构工程识图

第一节　识图基础

一、房屋的组成及其作用

图 2.1.1 所示为一栋装配式建筑示意图。由此可以看出，建筑是由许多构配件组成的。组成建筑结构的元件叫构件，如基础、墙、柱、梁、楼板等；具有某种特定功能的组装件叫配件，如门、窗、楼梯等。

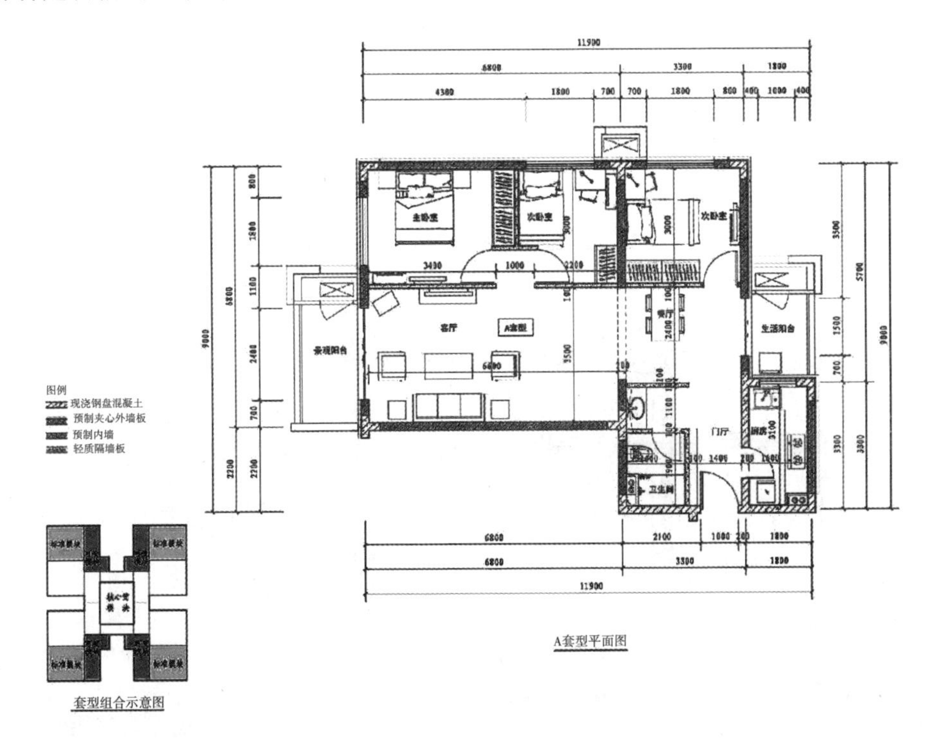

图 2.1.1　房屋的组成

装配式建筑就是将工厂制造的构件，如外墙板、内墙板、叠合板、阳台、空调板、楼梯、预制梁、预制柱等，运到工地装配而成的建筑。装配式建筑立面层次分析图和装配式建筑示意图示例，如图 2.1.2 和图 2.1.3 所示。

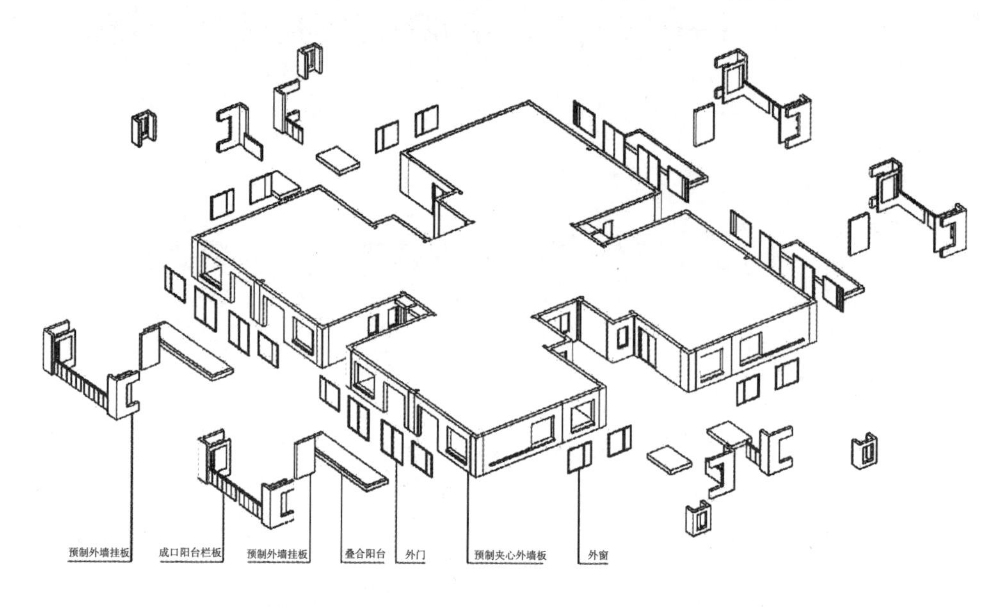

图 2.1.2　装配式建筑立面层次分析图

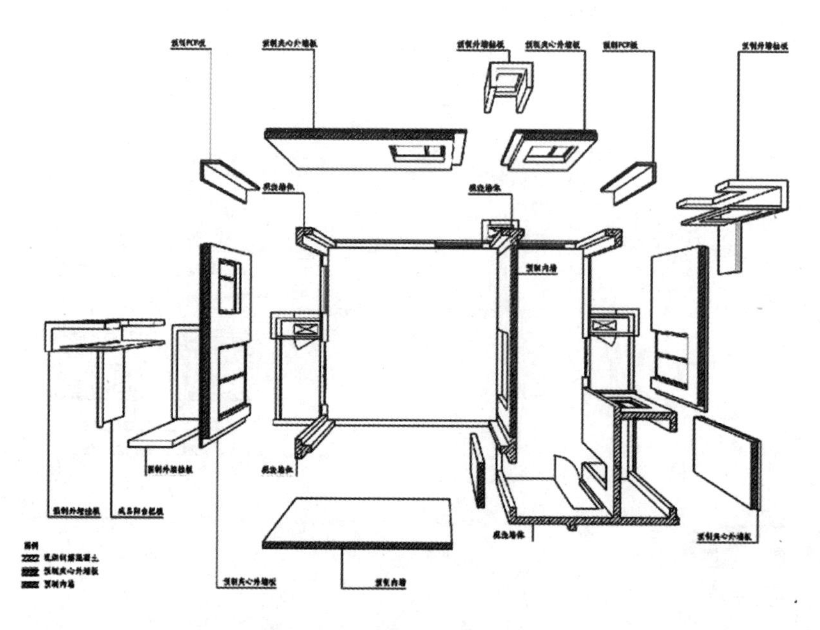

图 2.1.3　装配式建筑示意图

二、阅读施工图的步骤

阅读施工图之前除了具备投影知识和形体表达方法外，还应熟识施工图中常用的各种图例和符号。

1. 看图纸的目录，了解整套图纸的分类，每类图纸张数。

2. 按照目录通读一遍，了解工程概况（建设地点、环境、建筑物大小、结构型式、建设时间等）。

3. 根据负责内容，仔细阅读相关类别的图纸。阅读时，应按照先整体后局部，先文字后图样，先图形后尺寸的原则进行。

第二节　建筑施工图识图

一、施工总说明

施工总说明主要是对施工图上未能详细注写的用料和做法等要求做出具体的文字说明。

(一) 设计依据

立项，规划许可证。

(二) 建筑规模

占地面积——建筑物底层外墙皮以内所有面积之和；

建筑面积——建筑物外墙皮以内各层面积之和。

(三) 标高

相对标高——以建筑物底层室内地面为零的标高；

绝对标高——以青岛黄海平均平面的高度为零点的标高。

(四) 装修做法

地面、楼面、墙面等的装修做法。

(五) 施工要求

1. 严格执行施工验收规范中的规定；

2. 对图纸中的不详之处补充说明。

施工总说明一般放在一套施工图的首页。

二、总平面图

(一) 形成及用途

形成：将拟建工程四周一定范围内的新建、拟建、原有和拆除的建筑物、构筑物连同其周围的地形地貌（道路、绿化、土坡、池塘等），用水平投影方法和行营的图例所画出的图样，为总平面图（总平面布置图）。

用途：可以反映出上述建筑的形状、位置、朝向以及与周围环境的关系，它是新建筑物施工定位、土方设计、施工总平面图设计的重要依据。

(二) 总平面图的阅读

1. 查看图名、比例、图例及有关文字说明，了解用地功能和工程性质；

2. 查看总体布局，了解用地范围内建筑物和构筑物（新建、原有、拟建、拆除）、道路、场地和绿化等布置情况；

3. 查看新建工程，明确建筑类型、平面规模、层数；

4. 查看新建工程相邻建筑、道路等周边环境，新建工程一般根据原有建筑或者道路来定位，查找新建工程的定位依据，明确新建工程的具体位置和定位尺寸；

5. 查看指北针或风向频率玫瑰图，可知该地区常年风向频率，明确新建工程朝向；

6. 查看新建建筑底层室内地面、室外整平地面、道路的绝对标高，明确室内外地面高差，了解道路控制标高和坡度。

三、建筑平面图

(一) 形成及作用

1. 形成：假想用一水平的剖切面沿门窗洞口位置将房屋切开，将剖切面以上的部分移去，对剖切面以下部分所作出的水平剖面图，为建筑平面图（简称平面图）。

2. 用途：反映房屋的平面形状、大小和房间的布局，水平方向各部分的布置和组合关系、门窗洞口的位置、尺寸，墙、柱的尺寸及使用的材料等。建筑平面图是施工放线、砌墙和安装门窗等的依据，施工图中最基本的图样之一。

3. 数量的确定：原则上房屋有几层，就画几个平面图，在图的正下方注明图名。除此之外还应有一个屋顶平面图（简单房屋也可没有）。当房屋的中间各层房间的数量、大小、布置均相同时，可用一个“标准层平面图”表示。

(二) 建筑平面图中常用的建筑配件图例

装配式建筑配件图例见表 2.2.1。

表 2.2.1 图例表

图例	名称	图例	名称
	现混钢筋混凝土墙、梁、柱、板		有机保温材料
			无机保温材料
	预制钢筋混凝土墙、梁、柱、板		砂浆
			嵌缝剂
	轻质墙体		密封膏
			木材
			素土夯实
	砌体		

（三）图示内容

建筑平面图内应包括剖切到的和投影方向可见的建筑构造、构配件以及必要的尺寸、标高等。

1. 图名、比例，平面图常用的比例为 1∶50、1∶100、1∶200；

2. 纵横定位轴线及其编号；

3. 各房间的组合、分隔和名称，墙、柱的断面形状及尺寸；

4. 门窗图例和编号；

5. 楼梯梯段的形状、梯段的走向和级数；

6. 平面图中应标注的尺寸和标高；

7. 详图索引符号；

8. 其他构件如花池、室外台阶、散水、雨水管，阳台、雨篷等的位置、形状和尺寸，以及厕所、盥洗室和厨房等固定设施的布置等；

9. 在底层平面图中应画出剖切符号，表明剖面图的剖切位置、剖视方向及编号，以及表示房屋朝向的指北针。

（四）其他各层平面图和屋顶平面图

1. 标准层平面图

准层与底层平面图的区别：

（1）房间布置

(2) 墙体厚度(柱的断面)

(3) 建筑材料

(4) 门与窗

2. 屋顶平面图

屋顶排水情况，如排水分区、天沟、屋面坡度雨水口的位置等；突出屋面的物体，如电梯机房、楼梯间、水箱、天窗、烟囱、检修孔、屋面变形缝等的位置。

3. 地下室平面图

当建筑物有地下室时，地下室平面图的识读需要对照底层平面图，了解地下室与上部建筑在建筑功能、垂直交通等方面的对应关系。地下室可能仅作为车库使用，或者作为底层平面功能空间向下的延伸，如展厅、商场等，也可能是人防地下室，人防地下室一般分平时车库和战时人防地下室两种功能。这两种功能平面布局相差很大，需要特别注意识读清楚。

(五) 平面图的阅读

1. 查阅建筑物的朝向，形状，主要房间的布置及相互关系；
2. 复核建筑物各部分的尺寸；
3. 查阅建筑物墙体采用的建筑材料，查阅时要结合设计说明阅读；
4. 查阅各部分的标高，房间、楼梯间、卫生间和室外地面标高；
5. 核对门窗尺寸及数量；
6. 查阅附属设施的平面位置；
7. 阅读文字说明，查阅对施工及材料的要求。

四、建筑立面图

(一) 形成及作用

1. 形成：在与房屋立面平行的投影面上所作的房屋正投影图，称为建筑立面图，简称立面图。

2. 用途：直接表现立面的艺术处理、外部装修、立面造型，屋顶、门、窗、雨篷、阳台、台阶、勒脚的位置和形式。

(二) 图示内容

1. 图名、比例。立面图常用的比例为1∶50、1∶100、1∶200，通常采用与平面图相同的比例。

2. 立面图两端的定位轴线及其编号。

3. 外貌：房屋在室外地坪线以上的外貌形式，了解门、窗的形状和位置及其开启方式，了解屋顶、雨篷、阳台、台阶、勒脚等构配件的位置和形式。

4. 用文字或图例说明外墙面、阳台、雨篷、窗台、勒脚和墙面分格线等的装修材料、色彩和做法。

5. 外墙各主要部分的标高，如室外地面、台阶、阳台、门窗顶、檐口、屋顶等处完成面的标高，以及必须标注的局部尺寸。

（三）立面图的阅读

1. 对应平面图阅读，查阅立面图与平面图的关系，了解立面图的观察方位。

2. 了解建筑物的外部形状。

3. 查看各立面上的建筑构件，如门窗、檐口、阳台等，需要结合建筑平面图对照识读，熟悉建筑构件的形状及布置情况。

4. 查阅外墙面各细部的装修做法，如门廊、窗台、粉刷分格线、檐口等，需要结合建筑详图识读，才能明确构造做法。

5. 查阅建筑图各部分的标高及相应的尺寸，明确主要建筑构件的标高情况，了解建筑物的总高度。

6. 查阅建筑各外立面的装饰要求说明，熟悉外立面装饰材料、色彩等做法。

7. 标高一般标注在图形外，并做到符号排列整齐，大小一致。若房屋立面左右对称时，一般标注在左侧，不对称时左右两侧均应标注，必要时，标高也可标注在图中。

8. 从图中可知，房屋外墙面装修材料、色彩及做法，一般用文字注写加以说明。

五、建筑剖面图

（一）形成及作用

1. 形成：假想用一个或多个垂直于外墙轴线的铅垂剖切面将房屋剖开，所得的投影图称为建筑剖面图，简称剖面图，是建筑的垂直剖面图。

2. 用途：用来表示房屋内部的结构形式、构造方式、分层情况、各部位的联系及其高度、材料、做法等。在施工过程中，建筑剖面图是进行分层、砌筑内墙、铺设楼板、屋面板以及楼梯等工作的重要依据。建筑平、立、剖面图相互配合，表示建筑全局，是施工图中不可缺少的重要图样之一。

3. 剖切原则：应根据图样的用途和设计深度，在平面图上选择能反映构造特征，以及具有代表性或有变化的部位剖切。剖切面一般选在过门窗洞口、楼梯间、房屋构造复杂与典型的部位；对于多层建筑，一般选在楼梯间、层高不同、层数不同的部位。

剖切面一般横向，即平行于侧面；必要时也可纵向，即平行于正面。

4. 数量：依据房屋复杂程度和施工情况具体确定。

（二）图示内容

建筑剖面图内应包括剖切到的和投影方向可见的建筑构造、构配件以及必要的尺寸和标高等。

1. 图名：要与平面图的剖切编号相一致。

比例：一般与平面图、立面图采用相同的比例，但为了将图示内容表达得更清楚，也可采用较大的比例，如 1∶50。

2. 各定位轴线墙、柱，沿墙、柱从下向上依次介绍各被剖切到的构配件，如室内外地面、各层楼面、屋顶、内外墙及其门窗、梁、楼梯梯段、阳台等，一般不表达地面以下的基础。

3. 未剖切到的可见构配件，如看到的墙面及其轮廓、梁、柱、阳台以及看到的楼梯梯段和各种装饰等。

4. 表示房屋高度方向的尺寸和标高。尺寸主要标注室内外各部分的高度尺寸，包括室内外地坪至建筑最高点的总高度、各层层高、门窗洞口高度及其他必要的尺寸。标高主要标注室内外地面、各层楼面、地下层地面与楼梯休息平台、阳台、檐口或女儿墙顶面、高出屋面的楼梯间顶面、电梯间顶面等处的标高；

5. 详图的索引符号。

（三）剖面图的阅读

剖面图的阅读：

（1）结合底层平面图阅读，对应平面图和剖面图的相互关系，建立建筑内部的空间概念；

（2）结合建筑平面图，进一步了解各楼层结构关系、建筑空间关系、功能关系；

（3）查阅各部位的高度，明确建筑物总高度、层数、各层层高、室内外高差；

（4）结合建筑设计和材料做法表阅读，查阅地面、楼面、墙面、顶棚的装修做法；

（5）结合屋顶平面图阅读，了解屋面坡度、屋面防水、女儿墙泛水、屋面保温、隔热等的做法。

六、建筑详图

（一）概述

1. 建筑详图：在施工图纸中，对房屋的细部或构配件用较大的比例（1∶20、1∶10、1∶5 等）将其形状、大小、材料和做法等，按正投影的方法，详细准确地绘制出的图样，称为建筑详图。详图也称为大样图或节点图。

2. 建筑详图是建筑平、立、剖面图的补充，是建筑局部放大的图样。详图的数量视需要而定，详图的表示方法，视细部构造的复杂程度而定。同时，详图必须绘出详图符号，应与被索引的图样上的索引符号相对应。

3. 详图的主要特点是用能清晰表达所绘节点或构配件的较大比例绘制，尺寸标注齐全，文字说明详尽。

(二) 图示要求

详图索引符号：图样中的某一局部或构件，如需另见详图，应以索引符号索引，详图要用详图符号编号。也就是说，用索引符号从图样中指向有相应详图符号的详图。索引符号是由直径为 10mm 的圆和水平直径组成，圆及水平直径均应以细实线绘制。

多层构造说明：用引出线指向被说明的位置，引出线一端通过被引出的各构造层，在另一端画若干条与其垂直的横线，文字说明注写在该横线的上方或端部，说明的顺序由上到下，并与被说明的层次一致。

(三) 楼梯详图

楼梯是联系房屋上下楼层交通的主用设施，由楼梯段、平台和栏杆（或栏板）组成。梯段包括踏步和梯斜梁，平台包括平台板和平台梁，踏步的水平面称为踏面，竖直面称为踢面。

楼梯详图主要表示楼梯的类型、结构形式、各部位的尺寸及做法，是楼梯施工放样的主要依据。

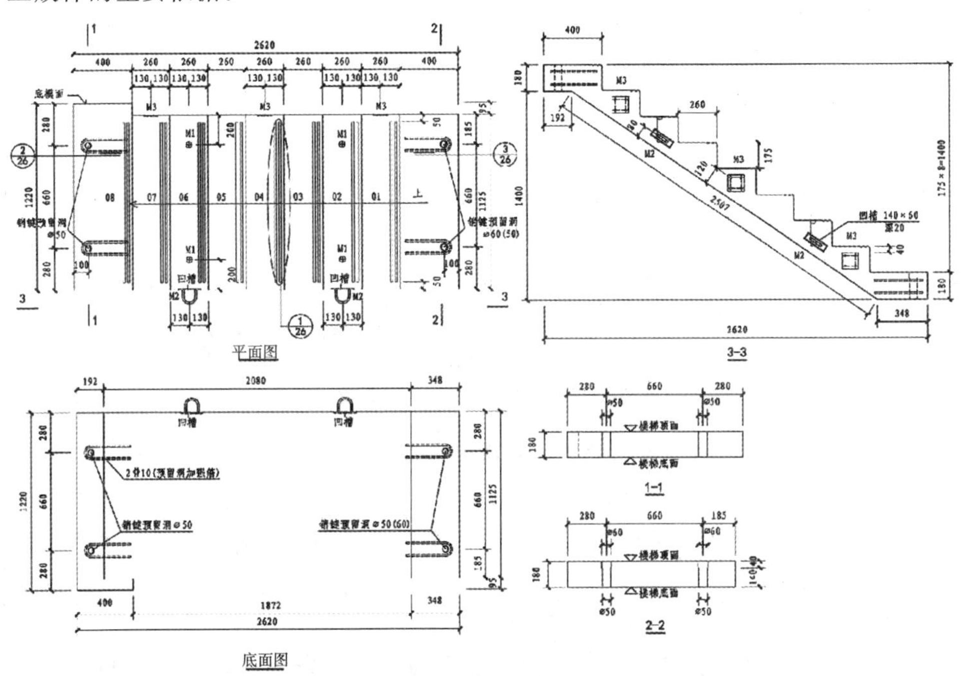

图 2.2.1　装配式楼梯平面模板图

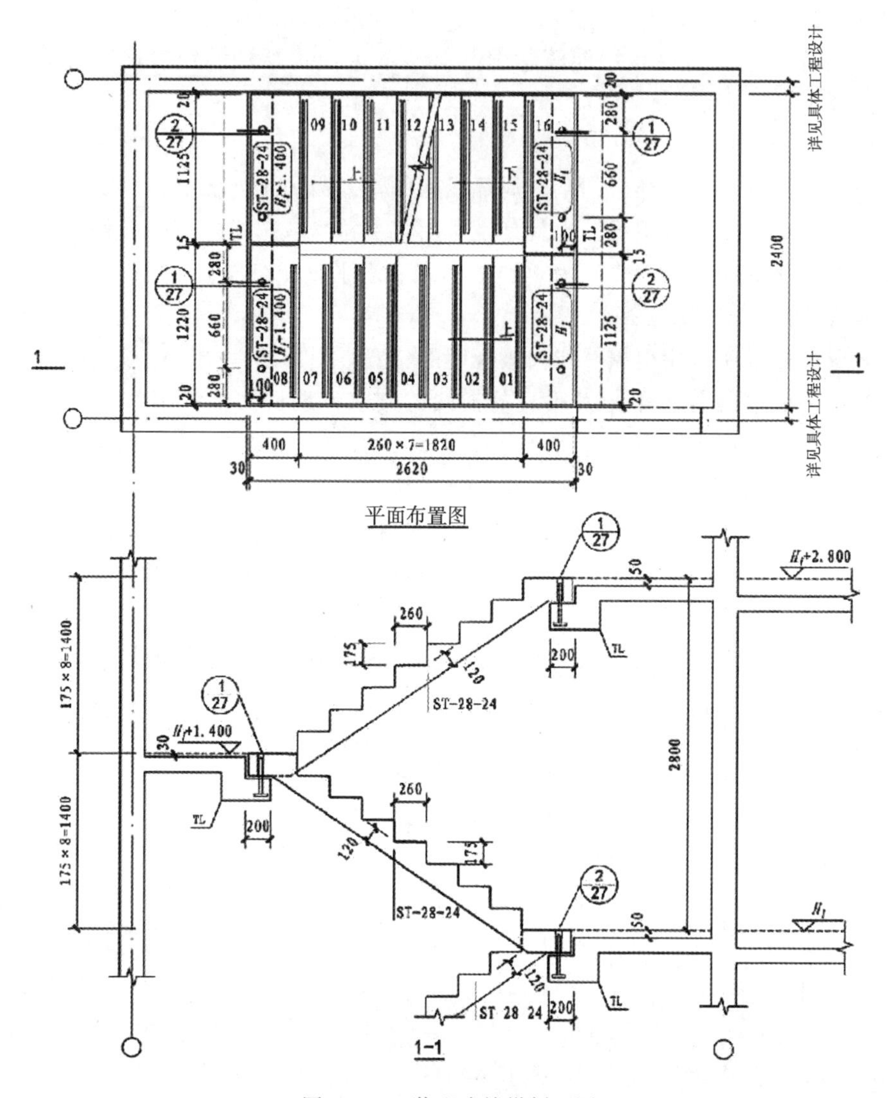

图 2.2.2　装配式楼梯剖面图

下面介绍楼梯详图所表达的内容和图示要求。

1. 楼梯平面图：用一假象的水平剖切面沿窗台上方剖切，将剖切面以上的部分移去，对剖切面以下部分的楼梯间的水平正投影图。它表明梯段的水平长度和宽度、各级踏面的宽度、休息平台的宽度和栏杆（或栏板）扶手的位置等的平面情况，装配式楼梯平面模板图见图 2.2.1。

2. 楼梯剖面图：通常将用假想的竖直面通过第一跑梯段和门窗洞口，将楼梯间剖开，向未剖到的梯段方向投沿影，所得到的剖面图即为楼梯剖面图。楼梯剖面图能清晰完整地反映楼层、梯段、平台、栏杆等构造及其之间的关系。

如图 2.2.2 所示的楼梯剖面图，表示了梯段的数量、踏步级数、休息平台的位置、楼梯类型及其结构形式。图中所示的楼梯为一个预制装配式混凝土双跑楼梯。楼梯剖面图中应标注出楼梯间的轴线及其编号，以及踏步、栏杆、扶手等详图的索引符号。楼梯剖面图中的尺寸标注主要有轴线间尺寸、梯段、踏步、平台等尺寸。标高主要标注地面、各层楼面及休息平台等处的标高。

3. 楼梯节点详图：对于楼梯踏步、栏板、扶手等细部，可有更大的比例，另画出详图，表示它们的形式、大小、材料及构造等情况（索引符号和详图符号对应）。

4. 阅读楼梯详图的方法和步骤：

（1）查明轴线编号，了解楼梯在建筑中的平面位置和上下方向；

（2）查明楼梯各部位的节点，见图 2.2.3 和图 2.2.4。

（3）阅读楼梯各部位的高度；

（4）弄清栏杆，扶手所用的建筑材料及连接做法；

（5）结合建筑设计说明，查明踏步、栏杆、扶手的装修方法。

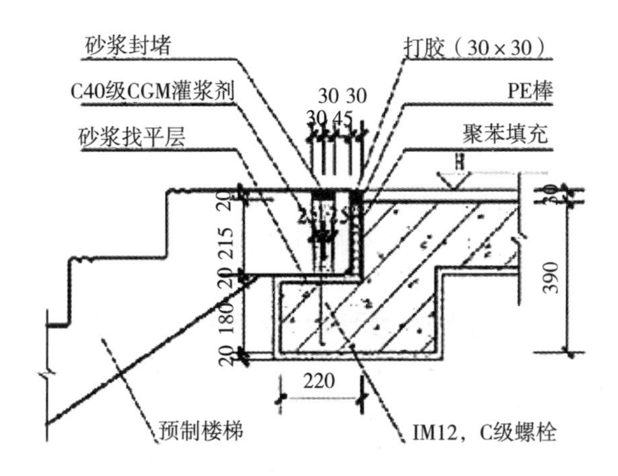

图 2.2.3　楼梯构件上端连接节点

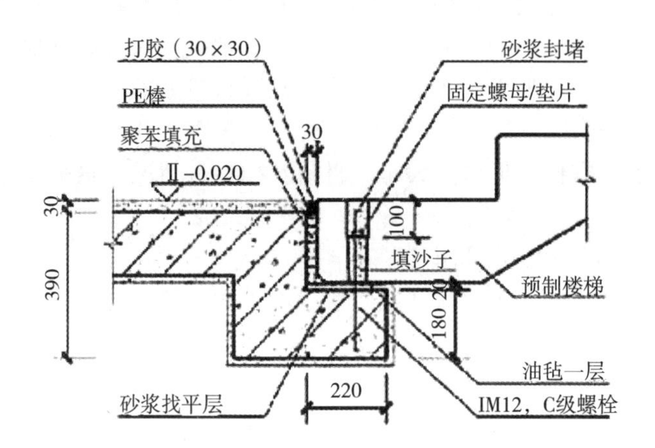

图 2.2.4 楼梯构件下端连接节点

七、装配式结构深化设计图纸识图

装配式结构深化设计是在原设计方案及条件的基础之上，结合构件生产、运输、安装等因素，以国家及地方规范为依据，对施工图纸进行切分设计、构件详图设计、生产工艺设计、节点大样及预埋件设计与选型。同时，可以结合目前最为先进的 BIM 技术，以构件生产、施工工艺为主对构件进行全面优化，使之成为易于生产加工，方便施工操作，便于运输且配置合理的构件产品详图。

与传统识图不同，装配式结构基本为预制构件，墙体的单元高度为层高，长度应根据生产车间生产能力和安装能力来决定。所以竖向墙体一方面要进行拆分编号，另一方面除正常的配筋外在楼层处还应预留附加的插筋，以便上下层能有效连接满足结构的安全、功能等要求。墙体的拆分编号及预留插筋示意图（局部）如图 2.2.5 和图 2.2.6 所示。

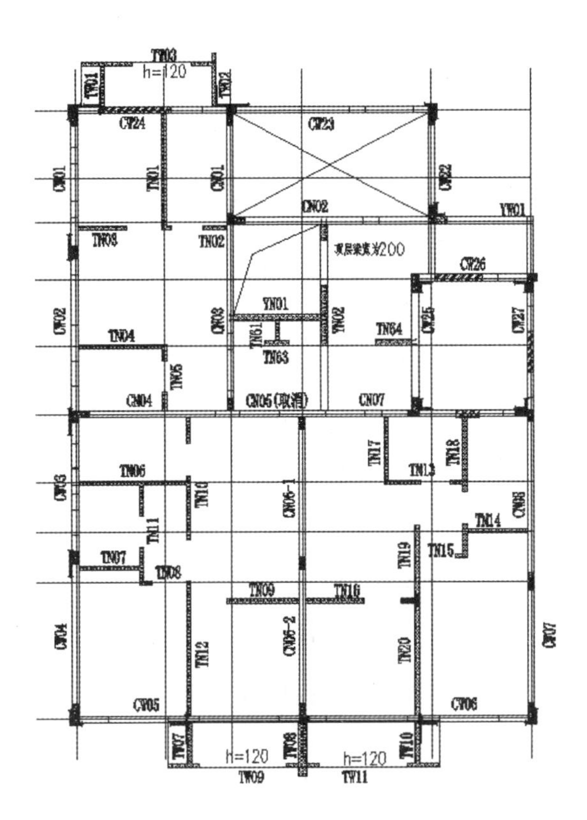

图 2.2.5 墙体的拆分编号示意图

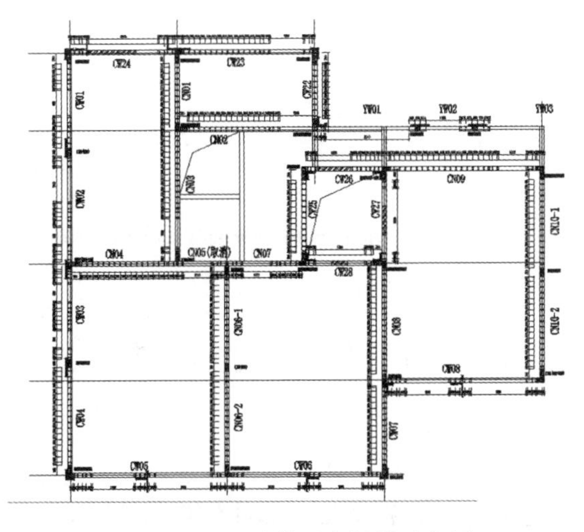

图 2.2.6 墙体预留插筋示意图

装配式结构中，楼层叠合板应根据板的特征进行拆分、分类与排序，以方便叠合板在生产车间预制。楼层叠合板的拆分及编号如图 2.2.7 所示。

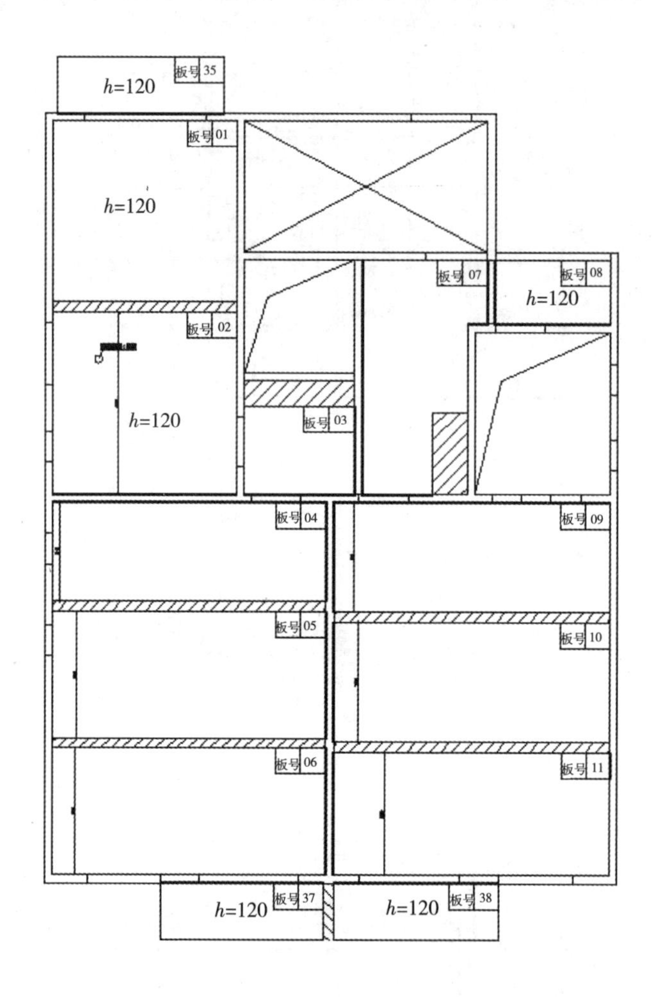

图 2.2.7　叠合板拆分及编号示意图

第三节　结构施工图识图

结构施工图是表达房屋的各种构件形状、布置、大小、材料及内部构造的图样，作为施工放线、挖基坑、安装模板、绑扎钢筋、浇筑混凝土、安装梁、板、柱等构件以及编制施工预算、施工组织、计划等的依据。

一、结构施工图的内容

(一) 结构设计说明

结构设计说明是带全局性的文字说明，它包括：选用材料的类型、规格、强度等级，地基情况，施工注意事项，选用标准图集等。

(二) 结构平面布置图

结构平面布置图是表示房屋中各承重构件总体平面布置的图样。它包括：

(1) 基础平面图；

(2) 楼层结构布置平面图；

(3) 屋盖结构平面图。

(三) 构件详图

构件详图包括：

1. 梁、柱、板及基础结构详图；
2. 楼梯结构详图；
3. 屋架结构详图。

(四) 其他详图

如天窗、雨篷、过梁等。

二、结构施工图中的有关规定

房屋建筑是由多种材料组成的结合体，目前房屋结构中采用较普遍的是混合结构和钢筋混凝土结构。国家《建筑结构制图标准》对结构施工图的绘制有明确的规定，现将有关规定介绍如下：

(一) 常用钢筋符号

钢筋按其强度和品种分成不同的等级，并用不同的符号表示。

(二) 钢筋的名称

配置在混凝土中的钢筋，按其作用和位置可分为以下几种，如图 2.3.1 所示。

1. 受力筋；
2. 箍筋；
3. 架立筋；
4. 分布筋；
5. 构造筋。

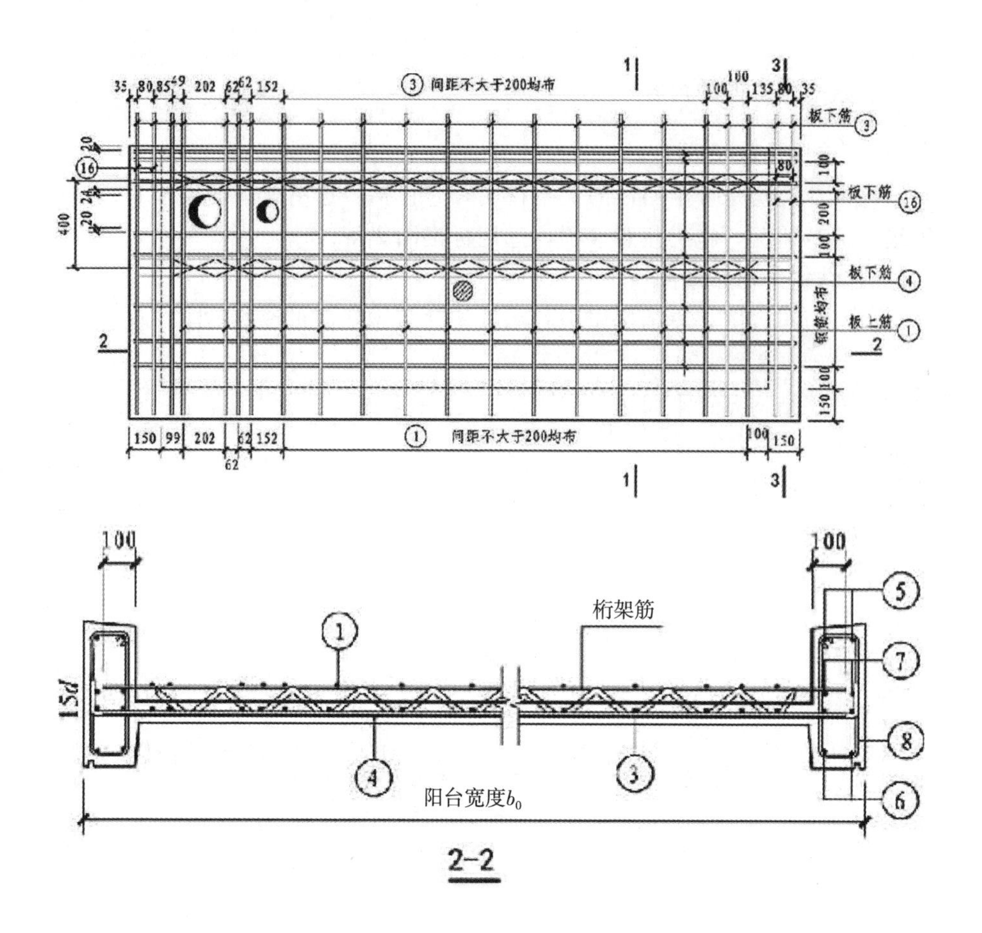

图 2.3.1　装配式构件配筋平面与剖面图

（三）保护层

钢筋外缘到构件表面的距离称为钢筋的保护层。其作用是保护钢筋免受锈蚀，提高钢筋与混凝土的黏结力。

（四）钢筋的标注

钢筋的直径、根数及相邻钢筋中心距在图样上一般采用引出线方式标注，其标注形式有下面两种：

1. 标注钢筋的根数和直径

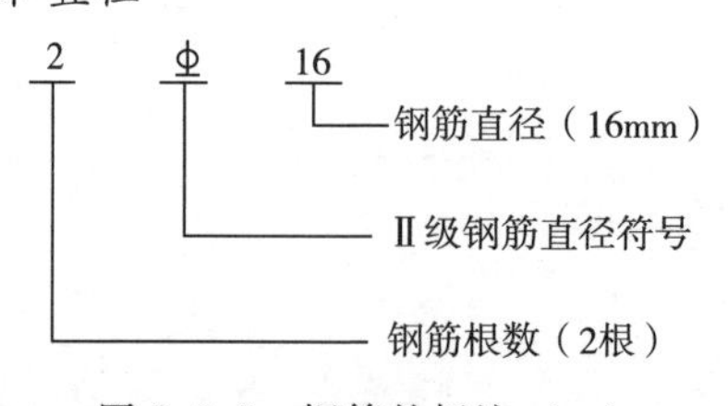

图 2.3.2　钢筋的标注（一）

2. 标注钢筋的直径和相邻钢筋中心距

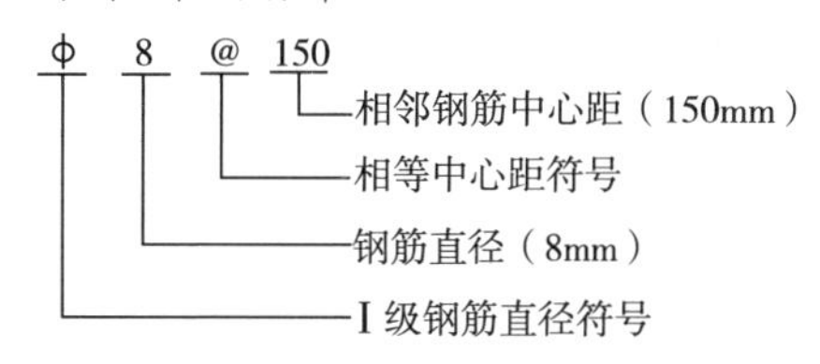

图 2.3.3　钢筋的标注（二）

三、楼层结构平面图

结构平面图是表示建筑物室外地面以上各层平面承重构件（如梁、板、柱、墙、门窗过梁、圈梁等）布置的图样，一般包括楼层结构平面图和屋顶结构平面图。

（一）形成：假想沿楼板面将房屋水平剖切后所作的水平投影图，用来表示每层楼的梁、板、柱、墙等的平面布置，称为楼层结构平面图。

（二）内容：表示建筑物室外地面以上各层承重构件平面布置的图样。图中被遮挡的墙用虚线表示，外轮廓线用中实线表示，梁用粗点画线表示。楼层上的梁、板构件，应注上规定的代号。

（三）读图

1. 图名、比例。

2. 与建筑平面图相一致的定位轴线及编号。

3. 墙、柱、梁、板等构件的位置及代号和编号。

4. 预制板的跨度方向、数量、型号或编号和预留洞的大小及位置。

5. 轴线尺寸及构件的定位尺寸。

6. 详图索引符号及剖切符号。

7. 文字说明。

四、钢筋混凝土构件详图种类及表示方法

（一）钢筋混凝土构件详图种类

1. 模板图

模板图也称外形图，它主要表明钢筋混凝土构件的外形，预埋铁件、预留钢筋、预留孔洞的位置，各部位尺寸和标高、构件以及定位轴线的位置关系等。

2. 配筋图

配筋图包括立面图、断面图和钢筋详图，主要表示构件内部各种钢筋的位置、直径、形状和数量等。

3. 钢筋表

为便于编制预算，统计钢筋用料，对配筋较复杂的钢筋混凝土构件应列出钢筋表，以计算钢筋用量。

4. 钢筋混凝土构件详图

表示方法如图 2.3.4 所示。

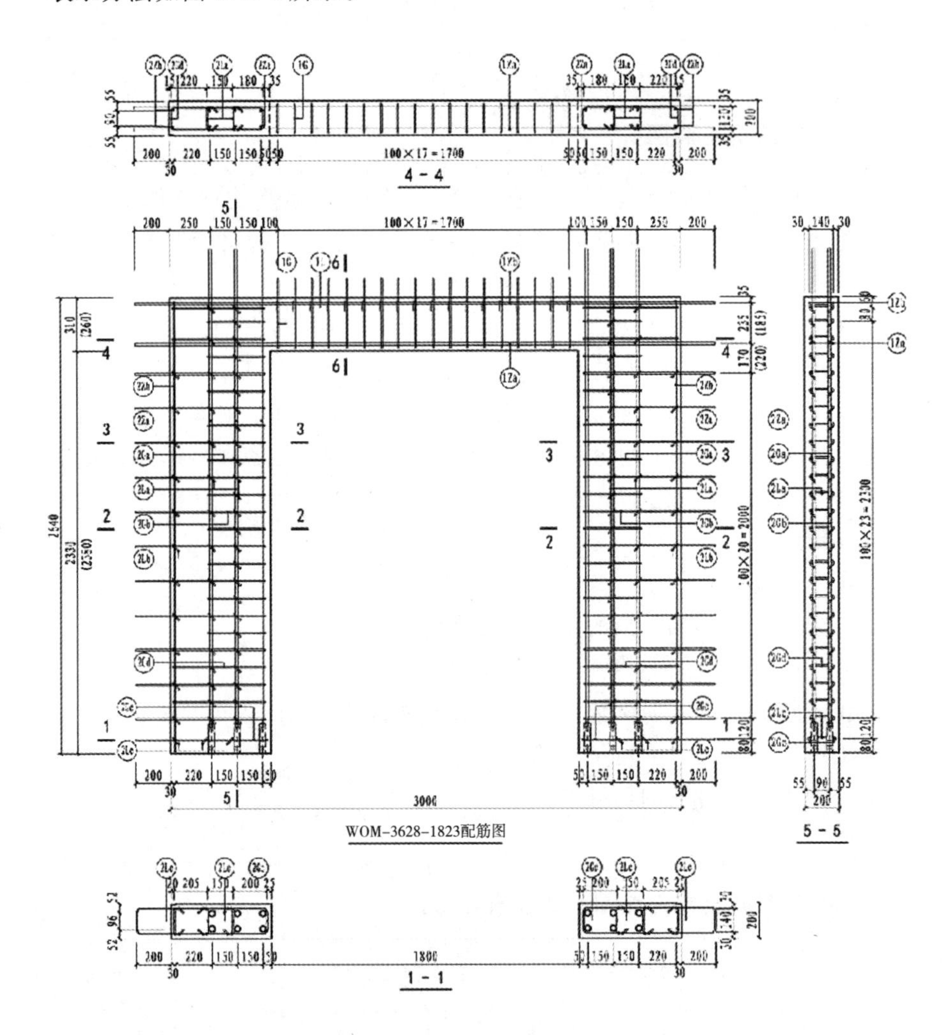

图 2.3.4　预制混凝土剪力墙内墙板构件详图

（二）钢筋混凝土构件详图的表示方法及内容

1. 构件名称或代号、比例。

2. 构件的定位轴线及其编号。

3. 构件的形状、尺寸和预埋件代号及布置。

4. 构件内部钢筋的布置。

5. 构件的外形尺寸、钢筋规格、构造尺寸以及构件底面标高。

6. 施工说明。

第四节　建筑设备施工图识图

一、建筑设备施工图的内容和特点

建筑设备是房屋的重要组成部分。整套的设备工程一般包括：给排水设备，供暖、通风设备，电气设备，燃气设备等。在产业化中，预制构件预埋安装涉及的设备主要有给水排水设备、电气设备两种类型。建筑设备施工图所表达的内容就是这些设备的安装与制作。由于各种建筑设备施工图都有自己的特点，并且与建筑结构有着密切的联系，故作为产业工人，只有很好地识读这些图纸，才能确保在施工时按图施工。

建筑设备施工图一般由基本图和详图两部分组成。基本图包括管线（管路）平面图、系统轴测图、原理图和设计说明；详图包括各局部或部分的加工和施工安装的详细尺寸及要求。基本图有室内和室外之分。建筑设备作为房屋的重要组成部分，其施工图主要有以下特点：

1. 各设备系统一般采用统一的图例符号表示，这些图例符号一般并不完全反映实物的原形。因此，要了解这类图纸，首先应了解与图纸有关的各种图例符号及其所代表的内容。

2. 各设备系统都有自己的走向，在识图时，应按一定顺序去读，使设备系统一目了然，更加易于掌握，并能尽快了解全局。例如在识读电气系统和给水系统时，一般应按下面的顺序进行：

（1）电气系统：进户线→配电盘→干线→分配电板→支线→用电设备。

（2）给水系统：引入管→水表井→干管→立管→支管→用水设备。

3. 各设备系统常常是纵横交错敷设的，在平面图上难以看懂，一般需配备辅助图形——轴测投影图来表达各系统的空间关系。这样，两种图形对照阅读，就可以把各系统的空间位置完整地体现出来，更加有利于对各施工图的识读。

4. 各设备系统的施工安装、管线敷设需要与土建施工相互配合，在看图时，应注意不同设备系统的特点及其对土建施工的不同要求（如管沟、留洞、埋件等），注意查阅相关的土建图样，掌握各工种图样间的相互关系。

室内给排水系统施工图包括设备系统平面图、轴测图、详图和施工说明。平面图用于表明给排水系统的平面布置；轴测图表明给排水系统的空间布置情况。识读给水轴测时应按照树状由干到枝的顺序，识读排水轴测图则按照由枝到干的顺序，识读详图时应着重掌握详图上的各种尺寸及其要求。

电气系统施工图的识读顺序一般按照电流的走向进行。

二、给排水系统施工图的识读

给排水系统是为了系统地供给生活、生产、消防用水以及排除生活或生产废水而建设的一整套工程设施的总称。给排水系统施工图则是表示该系统施工的图样，一般将其分为室内给排水系统和室外给排水系统两部分。室内给排水系统施工图包括：设备系统平面图、轴测图、详图和施工说明；室外给排水系统施工图包括：设备系统平面图、纵断面图、详图以及施工说明。

在给排水系统的施工图中，一般都采用规定的图形符号来表示，表 2.4.1 列出了一些常用的图例符号。

表 2.4.1 给排水施工图常用图例

序号	名称	图例	序号	名称	图例
1	生活给水管	—— J ——	11	污水池	
2	废水管	—— F ——	12	清扫口	平面 系统
3	污水管	—— W ——	13	圆形地漏	平面 系统
4	立式洗脸盆		14	放水龙头	平面 系统
5	浴盆		15	水泵	平面 系统
6	盥洗槽		16	水表	
7	壁挂式小便器		17	水表井	
8	蹲式大便器		18	阀门井 检查井	
9	坐式大便器		19	浮球阀	平面 系统
10	小便槽		20	立管检查口	

给排水系统的平面图表明了该系统的平面布置情况。室内给排水系统平面图包括：用水设备的类型、位置及安装方式与尺寸；各管线的平面位置、管线尺寸及编号；各零部件的平面位置及数量；进出管与室外水管网间的关系等。室外给排水系统平面图包括：取水工程、净水工程、输配水工程、泵站、给排水网、污水处理的平面位置及相互关系等。这里重点介绍室内给排水系统。

（一）给水平面图

在房屋内部，凡需要用水的房间，均需要配以卫生设备和给水用具。主要表示供水管线的平面走向以及各用水房间所配备的卫生设备和给水用具。

以某学生宿舍室内给水管网平面布置为例，给水引入管通过室外阀门井后引入楼内，形成地下水平干管，再由墙角处三根立管上来，由水平支管沿两侧墙面纵向延伸，分别经过四个蹲式大便器和盥洗槽；另一侧水平支管分别经过一个小便槽和拖布盆以及两个淋浴间，然后由立管处再向上层各屋供水。地漏的位置和各给水用具均已在图中标出，故按照给水管的平面顺序较容易看懂该图。

（二）排水平面图

排水平面图主要表示排水管网的平面走向以及污水排出的装置。仍以学生宿舍为例，为了靠近室外排水管道，将排水管布置在西北角，与给水引入管成 90°，并将粪便排出管与淋浴、盥洗排出管分开，把后者的排出管布置在房屋的前墙面（南面），直接排到室外排水管道。还应给出污水排出装置、拖布池、大便器、小便槽、盥洗池、淋浴间和地漏。

三、电气系统施工图图例和符号简介

电在人们的生产、生活中起着极其重要的作用。在工程建设中，电气设备及其安装是必不可少的。电气设备一般可分为：照明设备，如白炽灯等；电热设备，如电烤箱等；动力设备，如电动机等；弱电设备，如电话等；防雷设备，如避雷针等。本节主要对照明设备的电气施工图作一介绍，其他几种请读者自行了解。电气系统在房屋内部的顺序一般为：进户线—配电盘—干线—分配电板—支线—电气设备。

电气系统施工图中的各电气元件和电气线路一般都采用图例来表示。表 2.4.2 列出了常用电气元件的图例。

表 2.4.2 常用电气元件图例

序号	名称	图例	序号	名称	图例
1	电动机	M	16	白炽灯	P
2	变压器		17	防水灯	
3	变电所		18	壁灯	
4	移动变电所		19	球形灯	
5	杆上变电站		20	安全灯	
6	配电箱		21	墙壁灯	
7	电表	kWh	22	吸顶灯	
8	交流电焊机		23	日光灯	
9	直流电焊机	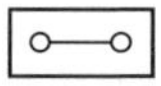	24	吊扇灯	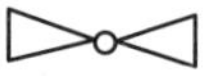
10	分线盒	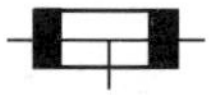	25	排气风扇	
11	按钮		26	单相插座：(a) 明装；(b) 保护式；(c) 暗装	 (a) (b) (c)
12	熔断器		27	单相插座带接地插孔：(a) 一般；(b) 封闭；(c) 暗装	 (a) (b) (c)
13	自动空气断路器		28	三相插座带接地插孔：(a) 一般；(b) 封闭；(c) 暗装	 (a)(b)(c)
14	跌开式熔断器		29	开关：(a) 明装；(b) 暗装；(c) 保护式	 (a)(b)(c)
15	刀开关		30	拉线开关：(a) 一般；(b) 防水	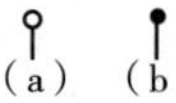 (a) (b)

四、电气系统施工图的组成

电气系统施工图主要包括以下内容：

1. 设计说明

主要包括电源、内外线、强弱电以及负荷等级；导线材料和敷设方式；接地方式和接地电阻；避雷要求；需检验的隐蔽工程；施工注意事项；电气设备的规格、安装方法。

2. 外线总平面图

主要用于表明线路走向、电杆位置、路灯设置以及线路怎样入户。

3. 平面图

主要用来表明电源引入线的位置、安装高度、电源方向；其他电气元件的位置、规格、安装方式；线路敷设方式、根数等。

4. 系统图

电气系统图不是立体图形，它主要是采用各种图例、符号以及线路组成的一种表格式的图形。

5. 详图

详图主要用于表示某一局部的布置或安装的要求。

五、电气系统施工图的识读

电气系统施工图应按以下步骤进行：

1. 熟悉各种电气工程图例与符号。

2. 了解建筑物的土建概况，结合土建施工图识读电气系统施工图。

3. 按照设计说明→电气外线总平面图→配电系统图→各层电气平面图→施工详图的顺序，先对工程有一个总体概念，再对照着系统图，对每个部分、每个局部进行细致的理解，深刻地领会设计意图和安装要求。

4. 按照各种电气分项工程（照明、动力、电热、微电、防雷等）进行分类，仔细阅读电气平面图，弄清各电气的位置、配电方式及走向，安装电气的位置、高度，导线的敷设方式、穿管勺及导线的规格等。

图 2.4.1 为某宿舍一层电气系统平面图。图中表明：进户线是距地面高度为 3m 的两根铝芯橡皮绝缘线，在墙内穿管暗敷设，管径为 20mm。在⑧轴线走廊侧设有①号配电箱，暗装在墙内。配电箱尺寸及位置尺寸均已标出。从配电箱中分别引出①、②两条支路，每条支路各连接房屋一侧的灯具和插座，在②支路上还连有三盏球形走廊灯。从①号配电箱中还引上两根 $4mm^2$ 的铝芯橡皮绝缘线，用 15mm 直径的管道暗敷在墙内引至二楼的配电箱内。

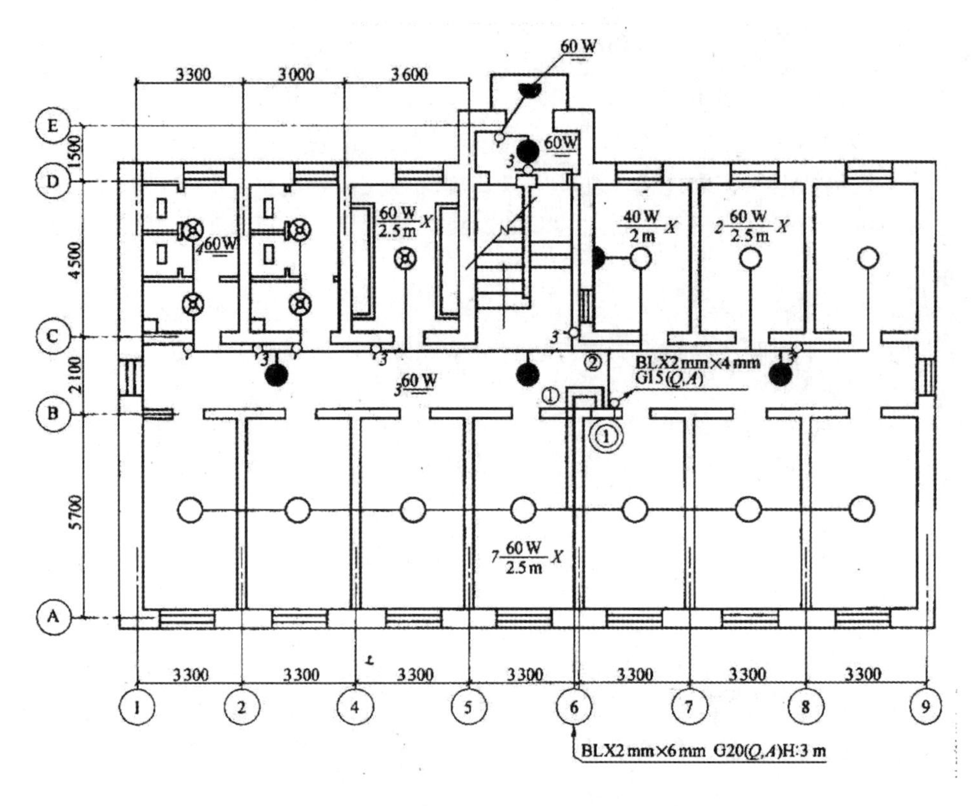

图 2.4.1　某宿舍一层电气平面图

六、设备点位综合详图

1. 设备综合点位图包含的内容

设备综合点位图主要工作内容是将精装设计和机电设备管线在设计阶段进行综合，以实现在装配式构件生产前就完成设备点位对接，提高装配率。

2. 设备点位详图的作用

(1) 保证建筑师对室内功能和空间的系统性控制。确保套型内空间的水、暖、电、空调等布置合理、方便、适用；

(2) 确保设计意图的贯彻和实现，结合室内家具布置进行机电管线布线及点位定位；

(3) 专业之间的协调和配合。避免结构厚度、建筑做法、管线布置和点位定位之间的“错、漏、碰、缺”；

(4) 在装配式建筑中，通过点位及管线综合，能作为构件加工图设计的提资条件，保证构件加工图的正确性，避免构件点位预留错误。

3. 设备综合点位图示例

设备综合点位图见图 2.4.2：

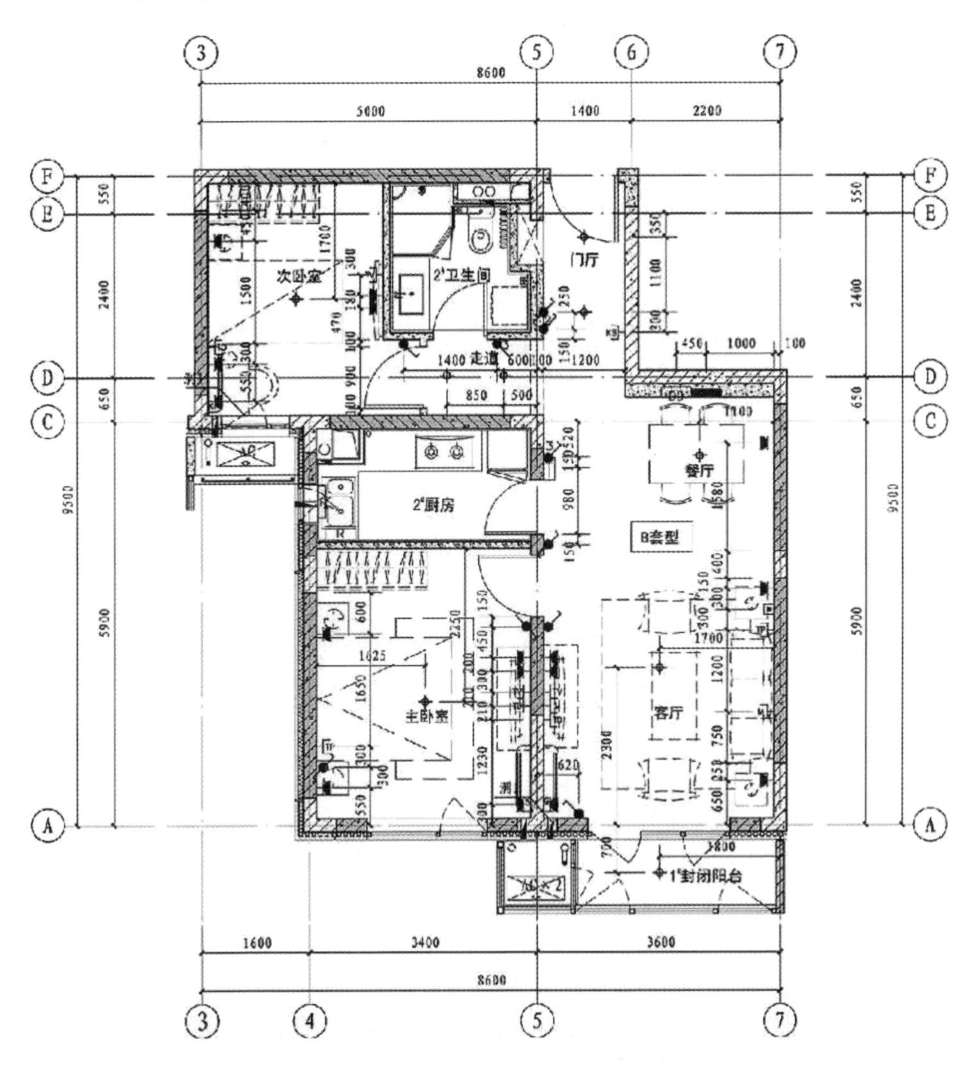

图 2.4.2　设备综合点位图示例

4. 厨卫设备点位大样图示例

厨卫设备点位大样图见图 2.4.3 与图 2.4.4：

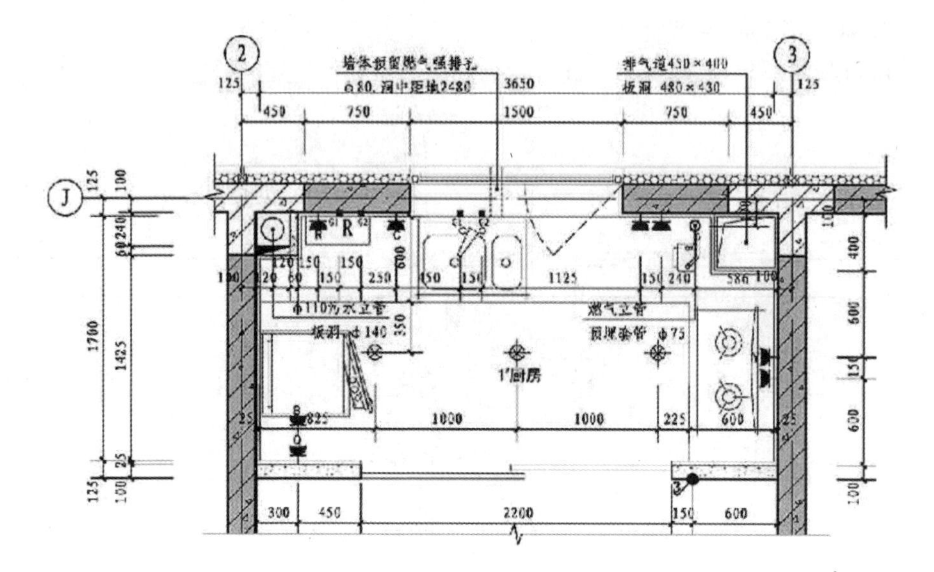

图 2.4.3 厨房大样图

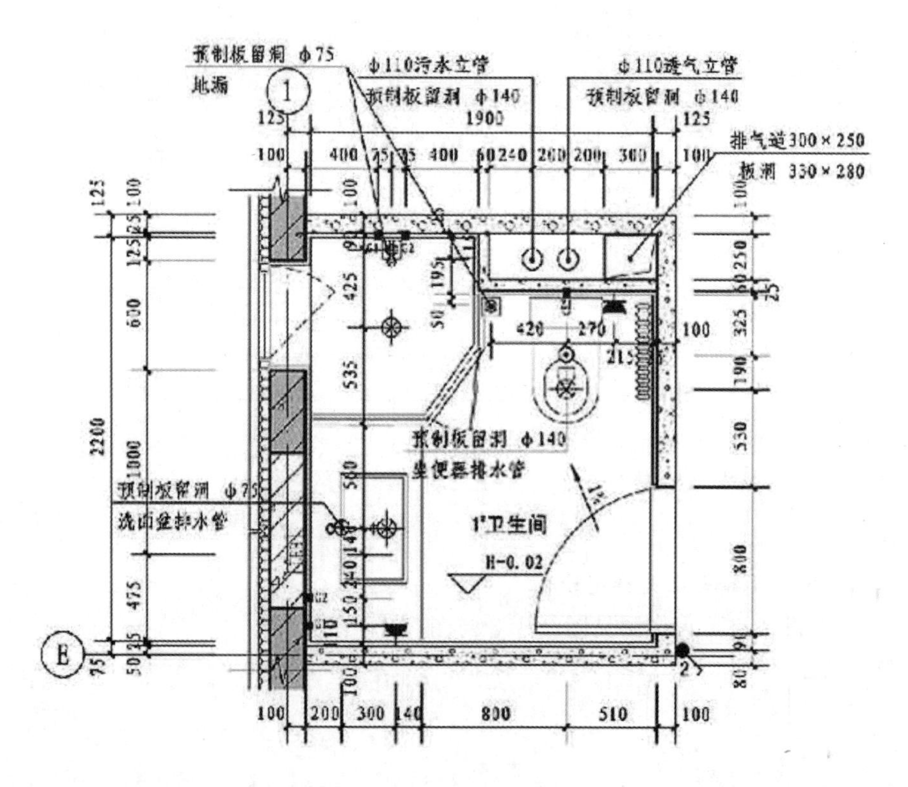

图 2.4.4 卫生间大样图

第三章　装配整体式混凝土结构工程施工

第一节　装配整体式混凝土结构施工工序概述

装配整体式砼结构施工工序一般由模板工程、钢筋工程、水电工程、混凝土工程、设备操作工程、测量放线工程、装配工程、灌浆工程等工序组成，示意如下：

图 3.1.1　模板工程

图 3.1.2　钢筋工程

图 3.1.3　混凝土工程

图 3.1.4　设备操作工程

图 3.1.5　测量放线工程

图 3.1.6　装配工程

图 3.1.7　灌浆工程

第二节　模板工程施工

模板是混凝土构件成型的重要模具，对钢筋混凝土构件的质量、外观和结构尺寸等具有重要意义。同时，模板工程也是装配式钢筋混凝土结构构件生产和现场施工的重要组成部分。因此，无论是预制构件的生产，还是现场施工，都要求模板工程必须由产业工人操作。

模板的选择与使用，决定了施工方法和施工机械的选择，影响工程造价和工程质量。施工中，模具安装疏忽、操作不当，将会给工程质量带来严重后果，如拼装不严，易发生漏浆现象，使结构构件产生麻面、蜂窝等，影响构件使用、耐久；模板支撑基座不实，受力侧向变形大等，这些将导致模板坍塌，给建筑产品和产业工人带来重大的安全隐患。产业工人正确选择、使用和安装模板是住宅产业化发展的必要内容。

模板工是指从事模板结构搭建、模板施工的专业人员，是建筑业工种中的重要成员之一。模板工包括工厂预制构件生产的模具工和现场施工的模板工。因此，模板工不仅要掌握施工现场的模板安装，还要掌握在装配式混凝土结构工程中主要完成模板及其他模具的安装、拆模、清理和检查验收等工作。

一、机具准备

模板、工装架、皮堵、芯模管等模具，扳手、螺栓及螺母、卷尺、靠尺、磁铁、橡皮锤、固定件等工器具。

图 3.2.1　靠尺

图 3.2.2　螺栓及螺母

图 3.2.3　卷尺

图 3.2.4　橡皮锤

图 3.2.5　固定件

图 3.2.6　磁铁

二、工序分解

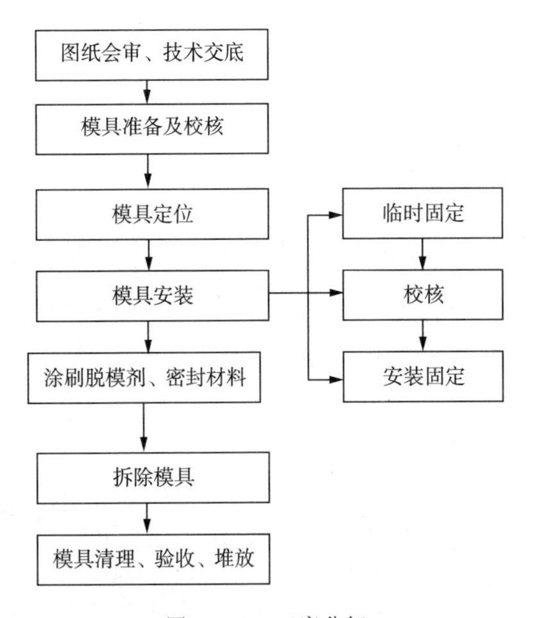

图 3.2.7　工序分解

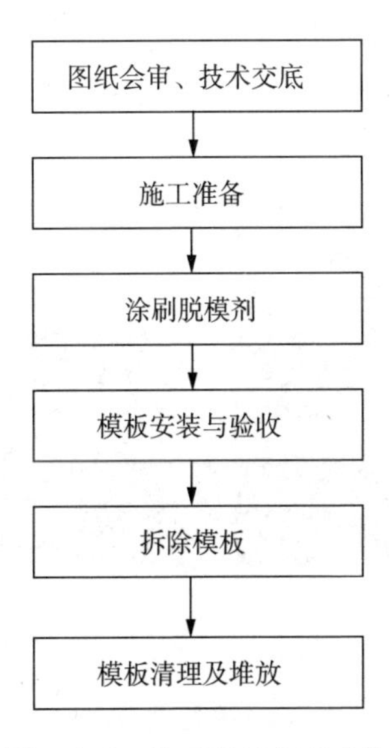

图 3.2.8　施工现场主要工作

三、操作要点

(一) 预制构件生产

1. 技术交底，对工人施工要点指导及安全培训。

2. 清除模板（平台、侧模）和模具的表面浮灰和残渣。核查底模（平台）构件范围内的平整度。若底模平整度达不到规范要求，及时整修或调换。

图 3.2.9 平台模（底模）

3. 依据图纸和任务单，利用定位器具在底模上定位、弹线。

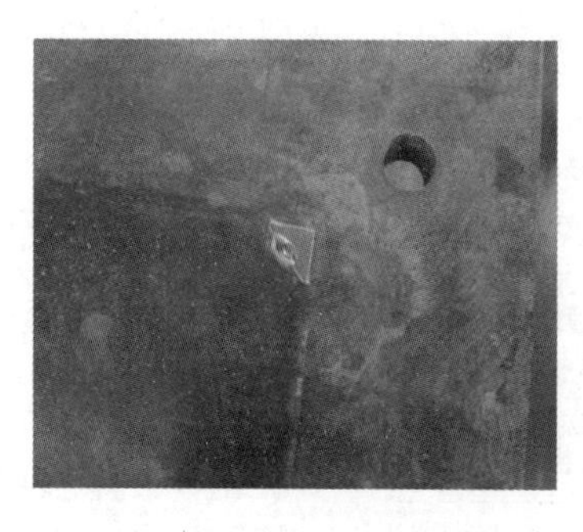

图 3.2.10 底模定位角铁

图 3.2.11 侧模定位

4. 安装侧模、门（窗）模，并用螺栓等临时固定（不带紧螺栓）。安装固定件，带紧侧模、门（窗）模螺栓。校核侧模、门（窗）模位置及构件平面尺寸。合格后通过固定件的准确位置在底模上焊接连接固定点。

图 3.2.12　安装侧模

图 3.2.13　安装窗模

图 3.2.14　临时固定

图 3.2.15　临时固定

5. 在侧模、门（窗）模位置的基础上，确定预埋件位置。并在底模上标出明显的预埋件固定点。

6. 安装铁扁担，并在扁担上确定预埋件固定点。

7. 清除模板内残留物及浮灰，检查验收模板、构造构件是否符合要求。合格后拆除临时固定件。

8. 涂刷脱模剂。涂刷要均匀，不得漏刷或存积。

图 3.2.16　涂刷脱模剂

9. 模板与平台边缘接触处，涂刷弥缝材料，减少材料浪费，防止混凝土侧漏，影响构件质量。

图 3.2.17 涂刷弥缝材料

10. 安装模具与预埋件。

（1）钢筋绑扎完毕，从侧模一角开始作业，安装皮堵，用橡皮锤轻敲封堵，保证封堵严密，并检查是否存在漏堵、堵反、封堵不严密等现象。

图 3.2.18 安装封堵

（2）依据图纸，安装吊点和支撑点，保证吊点、支撑点与钢筋连接。

（3）依据图纸和固定点，安放下塔槽并加固，然后安装预埋件。

图 3.2.19 安装预埋件

（4）安放灌浆套筒。匀速转动灌浆套筒，复位螺旋筋，紧贴灌浆套筒下端。

图 3.2.20　安装灌浆套筒

（5）依据图纸，安装梁窝预埋固定装置，并封堵梁窝防止进浆，加固梁窝固定装置，防止振捣混凝土时，梁窝位移。

图 3.2.21　安装梁窝

（二）施工现场生产

1. 安装模板及支架。

2. 清除模板表面杂物及浮灰。

3. 与混凝土接触的模板表面涂刷隔离剂。隔离剂不得影响结构性能或妨碍装饰工程。

4. 检查验收模板，是否符合要求。

（三）模板拆除

1. 混凝土蒸养完成后，拆除工装架等，复检线盒电箱。拆除时应平衡搬起工装架，不要左右摇晃，以免扰动混凝土。

2. 混凝土达到初凝后，拔掉灌浆套筒的小铁棒，匀速向外转动拔出灌浆套筒，不要上下、左右摇晃，以免扰动混凝土。

3. 用工具拆其他模具。

4. 混凝土构件养护完成后，达到设计强度时拆侧模。拧下平台上的固定螺丝，用锤敲打模板表面，使混凝土与模板松弛，拆除侧模。严禁暴力拆模，以免破坏构件质量；严禁从高空直接抛出模板，防止模板变形。

图 3.2.22　拆侧模

5. 拆门（窗）模。拧下平台上的固定螺丝，用锤敲打模板表面，使混凝土与模板松弛，拆除侧模。

（四）模板清理与修整

清理与修整模板、平台及其他模具是非常重要的工序，既可以延长侧模、平台模及其他模具的寿命，节约构件生产成本，又可以提高模板及模具的稳定性，保证产品质量。

1. 侧模的清理与修整

（1）将侧模运至专用清洗设施位置，并安置妥当。

（2）先喷湿模板，除去模板表面的混凝土残渣及灰浆。

（3）启动电源，操作打磨机，从一端开始向另一端打磨。

（4）检查验收模板，将合格的模板成组码齐，吊装到干净的平台上。不合格的模板应及时修整；若无法修整，应及时更换新模板。

2. 平台的清理与修整

平台清理是模具清理的组成部分，对预制构件的质量很重要，直接影响剪力墙、隔墙等构件的平整度，严重情况下，影响混凝土的黏结。主要包括平台平面清理残渣和除灰工作。

图 3.2.23 平台清理

（1）将平台清理所需要工具放置于此工位。

（2）清理完平台后，将操作工台下卫生清扫干净。

（3）清理平台上的混凝土渣块，倒入垃圾堆。

（4）用打磨机打磨平台。打磨后用干拖布将平台上的浮灰清理干净。

四、质量要求

模具构件尺寸的允许偏差和检验方法应符合规范要求，具体如下。

表 3.2.1 预制构件模具尺寸的允许偏差和检验方法

<table>
<tr><th>项号</th><th colspan="2">检查项目</th><th>允许偏差（mm）</th></tr>
<tr><td>1</td><td colspan="2">长度</td><td>0，−2</td></tr>
<tr><td>2</td><td colspan="2">宽度</td><td>0，−2</td></tr>
<tr><td>3</td><td colspan="2">厚度</td><td>0，−1</td></tr>
<tr><td>4</td><td colspan="2">对角线差</td><td>3</td></tr>
<tr><td>5</td><td colspan="2">侧向弯曲</td><td>L/1500，且≤5</td></tr>
<tr><td>6</td><td colspan="2">翘曲</td><td>L/1500</td></tr>
<tr><td>7</td><td colspan="2">底模表面平整度</td><td>2</td></tr>
<tr><td>8</td><td colspan="2">组装缝隙</td><td>1</td></tr>
<tr><td>9</td><td colspan="2">端模与侧模高低差</td><td>1</td></tr>
<tr><td rowspan="2">10</td><td rowspan="2">连接预留孔位置</td><td>边长方向</td><td>±1</td></tr>
<tr><td>厚度方向</td><td>±1</td></tr>
</table>

注：摘自安徽省地方标准《装配整体式剪力墙结构技术规程（试行）》。

第三节　钢筋工程施工

在现代建筑结构中，钢材是使用面广、量大的主材之一，与混凝土黏结良好，起到增强结构抗拉性能和抗压性能、抑制混凝土裂缝的开展等作用，直接影响建筑功能。因此，钢筋工程必须由专业人员（钢筋工）作业，并经考试合格后，持国家职业资格证上岗。

钢筋工是指使用工具及机械，对钢筋进行除锈、调直、连接、切断、成型、安装钢筋骨架的人员。该职业要求从业者动作灵活，具有较好的身体素质。

作为钢筋工，在装配式混凝土结构工程中主要完成钢筋进场验收、钢筋加工、钢筋安装和检查验收等工作内容。

一、机具准备

钢筋调直机、切割机、弯曲机、焊机、绑扎钳、刷子等。

二、工序分解

1. 预制构件工厂

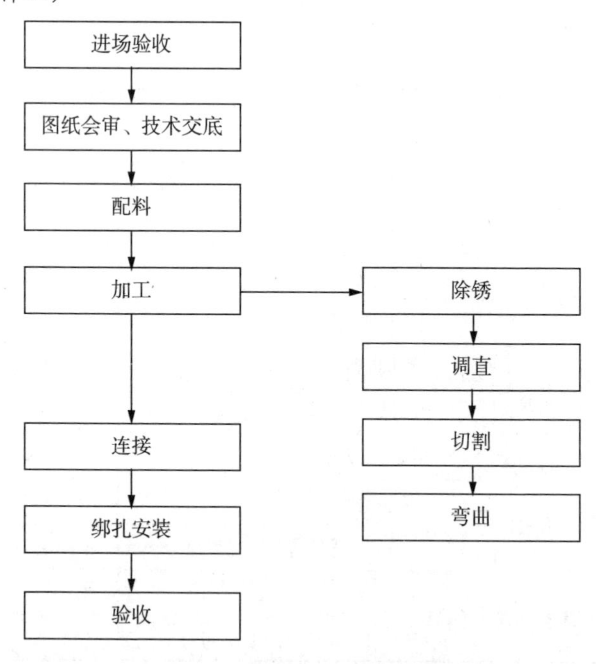

图 3.3.1　预制构件工厂工序分解

2. 现场施工

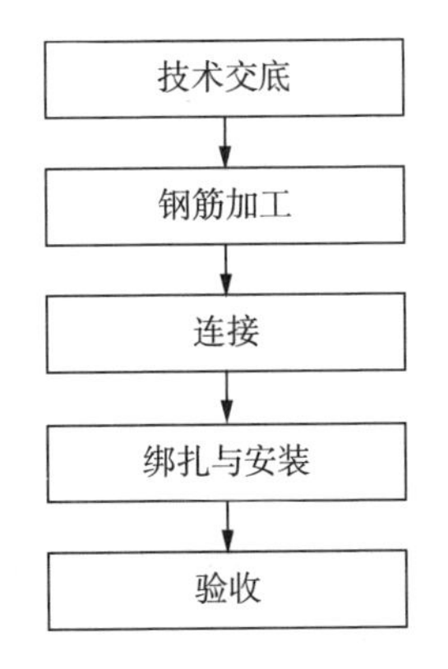

图 3.3.2　现场施工工序分解

三、操作要点

(一) 预制工厂生产

1. 钢筋进场验收

钢筋质量是否符合要求，直接影响建筑物的安全、功能和使用。因此钢筋进场验收是工程质量控制的关键工序。

无论是施工现场还是预制工厂加工，钢筋进场必须检验出厂质量证明书或实验报告单及应挂的标牌（标牌上应有厂标、钢号、炉罐号、尺寸等标记）。必要时还要进行机械性能实验。如使用过程中发现问题时，还应进行钢筋化学成分分析。

检验完成后的钢筋必须严格按规格、牌号、直径、长度挂牌存放，并注明数量，不得混淆。

2. 钢筋配料

钢筋配料是绑扎前非常重要的工序，直接影响成型后的钢筋质量，要求钢筋工必须遵循规定操作。

(1) 下料长度计算

由于设计及规范要求，钢筋形式多样化，且钢筋下料较为复杂。因此，钢筋工应掌握钢筋下料长度的计算及应用。对于外形复杂的构件，无法简单地计算下料长度，钢筋工还应掌握放样的方法，配制出构件中各钢筋的尺寸。

(2) 识读钢筋配料单

钢筋配料单是钢筋配置、下料等工序的重要文件，是提出材料计划、领取任务单和限额领料的重要依据。通过识读配料单，能节约材料、简化施工操作。

3. 钢筋加工

根据构件配筋图，先绘制各种形状和规格的钢筋简图并加以编号，然后计算下料长度和根数，填写配料单，申请加工，最后除锈，调直，切割，弯曲，检查。

钢筋加工宜在常温下进行，加工时不应对钢筋加热，宜在加工区完成，并将加工成型的钢筋分类堆放。

图 3.3.3　钢筋加工机械

（1）钢筋除锈

钢筋使用前应将表面的油渍、漆污、锈皮、鳞锈等清除干净，但对钢筋表面的水锈和色锈可不作专门处理。钢筋的除锈方法宜采用除锈机、风沙枪等机械除锈，当数量较小时，可采用人工除锈。

（2）钢筋调直

钢筋的调直宜采用机械调直和冷拉方法调直。对于少量粗钢筋，当不具备机械调直和冷拉调直条件时，可采用人工调直。在钢筋冷拉调直过程中也可直接除锈，比较经济省力。

（3）钢筋下料与切断

钢筋下料单是指钢筋翻样的单子，由技术负责人负责翻样，操作人员根据翻样单进行配料。钢筋切割主要采用液压切割机切割或数控切断机，也可使用手段切断器等切断。直径在 16 毫米以下的钢筋用手工钢筋剪剪断。

（4）钢筋弯曲成型

钢筋弯曲前，根据钢筋料牌上的尺寸标注弯曲点，然后按要求的弯曲最小半径选择弯曲芯轴，最后使用弯曲机或固定弯曲设备成型。钢筋加工应一次成型到位。成型的钢筋应平面无翘曲、不平现象，弯曲部位不得有裂纹等。

(5) 验收与堆放

同一规格、批次、部位的成型产品进行检查验收，并按规格、尺寸、类型分别摆放，做好标识。对不合格成品，按相关规定处理。

图 3.3.4 加工完成的钢筋堆放

4. 钢筋连接

钢筋的连接有绑扎、焊接和机械连接三种方法，其中预制构件钢筋连接应用焊接、直螺纹、锥螺纹套筒和挤压套筒连接等方式。

(1) 焊接

钢筋焊接的方法有闪光对焊、电弧焊、电渣压力焊和电阻点焊等。

① 焊接前应进行焊接性能试验。合格后，方可焊接。

② 施工前，应清除钢筋表面污渍等，以免影响焊接质量。

③ 施工人员应接受安全生产教育。

(2) 直螺纹连接

直螺纹连接是用直螺纹套筒将钢筋端头对接在一起，利用螺纹机械咬合力传递拉力和压力。这种连接方式具有工序简单、速度快、不受气候因素影响等优点。

① 操作流程

钢筋下料→钢筋套丝→接头单体试件试验→钢筋连接→质量检查。

② 连接套筒

连接套筒有标准型、扩口型、正反丝型和变径型等。扩口型应用于钢筋较难对中的钢筋连接，正反丝型应用于不能转动的钢筋连接，变径型应用于不同直径的钢筋连接。

（3）挤压套筒连接

挤压套筒连接是钢筋机械连接的一种方式，这种方式具有接头强度高，质量稳定可靠，安全、无明火，不受气候条件限制等优点。

操作流程：

钢筋下料→画套入长度标记→钢筋套入套筒→安装压接钳→启动压接设备→压接成型→卸下压接钳→质量检查。

5. 钢筋安装

（1）依据图纸，进行柱、梁、墙、板钢筋预绑扎，并检验。

图 3.3.5　安装钢筋骨架

（2）根据生产任务单，结合构件的编号，对构件进行钢筋配料，做到品种齐全，数量、尺寸准确，并运至对应平台的钢筋绑扎工位。

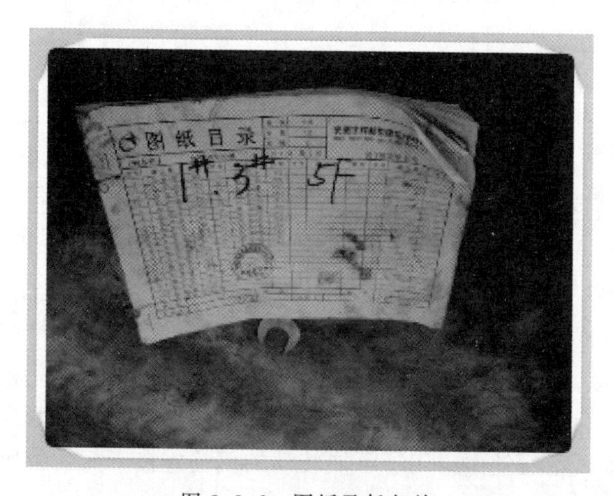

图 3.3.6　图纸及任务单

（3）安装钢筋骨架。依据图纸要求，参照平台和模板的位置，确定钢筋骨架位置。将钢筋骨架放置在平台模板上对应标记位置。

（4）安装水平筋。

图 3.3.7　安装水平筋

① 检验水平筋的型号、尺寸是否符合图纸的要求。

② 从模板一端向另一端安装水平筋。若需外露，使钢筋外漏整齐，方向一致，并控制尺寸误差。剪短多余部分或置换钢筋。

③ 水平筋如果是搭接的，相邻水平筋的搭接点应上下左右间接分布。

（5）安装纵筋。

图 3.3.8　绑扎纵筋

① 检验钢筋的型号、尺寸是否符合图纸的要求。

② 从模板一端向另一端安装水平筋。若需外露，使钢筋外漏整齐，方向一致，并控制尺寸误差。多余部分剪短或置换钢筋。

③ 底端钢筋要靠到模板上。钢筋底部要紧靠灌浆套管边绑扎，不能堵灌浆套管。

④ 顶端钢筋弯曲方向应一致。暗柱的顶端钢筋应为瓶口状，并保证垂直。

⑤ 螺旋筋长度应大于钢筋锚固长度 2～3cm，靠近模板底部绑扎，到模板底部的距离按规范执行。

图 3.3.9　安装螺旋筋

（6）安装箍筋。

图 3.3.10　安装箍筋

① 检验钢筋的型号、尺寸是否符合图纸的要求。

② 依据图纸，安装箍筋，保证箍筋间距。

③ 焊接钢筋的焊点和开口要上下、左右错开，不允许有两个邻箍筋焊点和开口方向一样。

④ 为便于灌浆套管，靠近模板的 3 个箍筋应对焊或垂直焊接。根据灌浆套管的需要，箍筋可以适当放大（或图纸已放大），应安装在灌浆套管孔处。

（7）安装连梁钢筋。

① 检验连梁钢筋的型号、尺寸是否符合图纸的要求。

② 连梁箍筋多采用开口箍筋，应按长短边间隔错开布置。外漏尺寸要满足图纸要求，不能外漏过短。否则，影响现场施工，不利于安放梁筋。

③ 绑扎上下梁筋。梁筋的弯锚长度要符合图纸的要求。下部钢筋用垫块设置保护层。

图 3.3.11　垫块

④ 其他梁筋（如非外露梁筋）应按图纸放置，不能低于图纸尺寸，也不能过高（不能高出 30mm），以免影响连梁箍筋的外露长度。

图 3.3.12　钢筋安装

(8) 安装拉结筋及其他钢筋。

① 检验连梁钢筋的型号、尺寸是否符合图纸的要求。

② 安装拉结筋，并全部绑扎。

图 3.3.13　预埋筋

③ 为防止门窗口处预制构件开裂，斜插筋应安放在门窗口的两边，并成 45°放置，上、下层放入，离门窗口边 2～4cm。

图 3.3.14　安放门窗负筋

（二）施工现场

1. 墙体钢筋安装

（1）插筋定位。利用插筋辅助工具定位插筋位置，保证钢筋尺寸准确。将定位好的插筋预留足够的锚固长度。定位后，经验收合格方可进行下道工序施工。

（2）后浇段钢筋绑扎。

① 后浇段构件安装，保证构件牢靠。

② 绑扎箍筋，箍筋应与外漏钢筋成矩形封闭绑扎，保证竖向钢筋可以从中间穿过。

③ 预留筋绑扎，还应与预留筋错开搭接，绑扎牢靠。

④ 绑扎拉结筋。

⑤ 设置保护层厚度。

2. 叠合板钢筋绑扎

（1）根据叠合板上方的钢筋间距控制线，对叠合板钢筋进行绑扎。

（2）利用叠合板桁架钢筋设置保护层厚度。

四、质量要求

钢筋及预埋件尺寸的允许偏差和检验方法应符合规范要求，并宜采用专用钢筋定位件控制混凝土的保护层厚度，具体如下。

表 3.3.1　钢筋加工的质量要求

项号	检查项目	允许偏差（mm）
1	受力钢筋沿长度方向全长的净尺寸	±10
2	弯起钢筋的弯折位置	±20
3	箍筋内净尺寸	±5

注：摘自合肥市工程建设技术标准《装配整体式建筑预制混凝土构件制作与验收导则》。

表 3.3.2　钢筋网与钢筋骨架尺寸的要求

<table>
<tr><th>项号</th><th colspan="2">检查项目</th><th>允许偏差（mm）</th></tr>
<tr><td>1</td><td colspan="2">网的长度及宽度</td><td>±10</td></tr>
<tr><td>2</td><td colspan="2">网眼尺寸</td><td>±10</td></tr>
<tr><td>3</td><td colspan="2">骨架的宽度和高度</td><td>±5</td></tr>
<tr><td>4</td><td colspan="2">骨架长度</td><td>±10</td></tr>
<tr><td>5</td><td colspan="2">箍筋间距</td><td>±10</td></tr>
<tr><td rowspan="2">6</td><td rowspan="2">纵向受力钢筋</td><td>间距</td><td>±10</td></tr>
<tr><td>排距</td><td>±5</td></tr>
</table>

注：摘自安徽省地方标准《装配整体式剪力墙结构技术规程（试行）》。

第四节　混凝土工程施工

混凝土工程直接决定了结构工程的质量，影响结构的安全性、耐久性和适应性，是土木工程的重要部分。混凝土工程施工决定了施工方法和施工机械的选择。混凝土工程要求混凝土构件不但要有正确的外形，而且要获得良好的强度、密实度和整体性，否则将产生不良后果。如混凝土强度不够，导致构件承载力不足，建筑物或构筑物可能坍塌；混凝土流动性不足，会使混凝土不密实，建筑承载力下降，表面蜂窝、麻面，抗渗性下降。因此，混凝土工程的施工等作业必须由专业的混凝土工完成。

混凝土工指将混凝土浇筑成构件、建筑物、构筑物的人员。在装配式剪力墙结构工程中，混凝土工主要完成混凝土的拌制、填充物安装、浇筑、养护和检验的工作。

一、机具准备

1. 材料

水泥、水、砂、石子、外加剂、掺合料等。

2. 机具

混凝土搅拌机、输料机、布料机、铁锹、抹子、混凝土振动棒、直角尺、靠尺、养护箱等。

二、工序分解

混凝土拌制—混凝土浇筑—填充物安放—混凝土浇捣—表面处理。

三、操作要点

(一) 混凝土拌制

混凝土一般在现场或搅拌站拌制。通常情况下，工厂预制构件用混凝土在工厂拌制，施工现场用搅拌站的商品混凝土。

混凝土拌制型号的选择要根据工程量、混凝土的坍落度和骨料的尺寸而定，既要满足技术要求，还要满足经济性要求。

拌制时，要控制原材料数量和质量，按照配合比严格计量。还要控制混凝土搅拌时间，一般控制在60～150s。通常采用一次投料或二次投料法投料。

(二) 混凝土浇筑

混凝土浇筑工艺是整个构件预制的重要环节，决定了预制混凝土构件的质量及结构的整体性和外观等。包括混凝土运输、布料机下料等工作。

图 3.4.1　混凝土布料

预制墙板混凝土浇筑分为正打和反打工艺。正浇混凝土工艺是先浇筑结构混凝土，再铺设保温层，最后浇筑装饰混凝土。反浇混凝土工艺与前者相反。

1. 混凝土浇筑前，进行隐蔽工程验收，形成验收资料并留存。

（1）纵向受力钢筋的品种、规格、数量、位置等；

（2）钢筋的连接方式、接头位置、接头数量、接头面积百分率等；

（3）箍筋、横向钢筋的品种、规格、数量、位置等；

（4）预埋筋的规格、数量、位置等；

（5）灌浆套筒、吊环、插筋及预留洞的品种、规格、数量、位置等；

（6）钢筋的混凝土保护层厚度。

2. 用输料机将混凝土从混凝土搅拌机输送至布料机内。运输时，拌合物不产生离析现象，保证混凝土在初凝前有充分时间浇筑和振捣。输料机由专人操作。

图 3.4.2　混凝土输料机

3. 布料机操作员启动布料机，从平台一端向另一端连续布料并控制混凝土厚度，布料厚度过厚时，用刮板或铁锹摊平混凝土。

（1）浇筑前，核对混凝土质量报告、坍落度报告等。检查布料机运转是否良好。

（2）分层浇筑，误差控制在范围内。

（3）专人操作，控制开关及电源，做好漏电保护。

图 3.4.3　混凝土布料机

（三）填充物安装

填充物是指埋置在预制混凝土构件的门窗洞口下或剪力墙构件等部位的填充材料，起到减轻预制构件重量、节约混凝土材料的作用。常见的填充物材料有发泡混凝土、XPS 板等。

1. 安放填充物前应先用水浸泡。

2. 按照图纸要求，剪裁填充物尺寸。切忌用手随意剪裁，避免出现废料过大或过多，造成材料浪费。

3. 填充物应在指定位置加工，方便剪裁下的废料、碎屑垃圾清理。否则，影响生产车间卫生和工人操作。

（四）混凝土振捣

混凝土浇筑后，及时振捣，使混凝土达到密实状态，以免影响混凝土质量，降低混凝土性能。混凝土振捣方式主要为工作台面振动密实。

（五）抹面处理

抹面处理是指将浇筑后混凝土表面填补找平、刮平、搓面，使预制构件表面平整，增强外表面美观。

1. 修补振捣后的混凝土表面，并将构件从一端向另一端刮平，保证混凝土构件表面平整。

2. 操作人员将混凝土表面搓平，保证表面光滑、密实。

3. 操作完成后，清理平台及模具工装架上的多余混凝土，及时送回布料机，以便下次使用，节约材料。

图 3.4.4　混凝土振捣

四、质量要求

预制混凝土质量问题主要表现为：构件表面色泽混杂、光泽度差、气泡多而较大，麻面、蜂窝、流水纹较多等。为避免出现上述质量缺陷应采取以下措施：

（1）振捣前，应检查模具、固定卡具是否松动。

（2）振动时间一般不少于 10s，直至混凝土表面翻浆（不出现汽包或出现极少的气泡）。

（3）振动器的电动机电源应安装漏电保护和接地装置，保证安全可靠。电源线应满足操作长度，严禁在电源线上堆压物品或车辆挤压。严禁吊挂或拖拉振动器。

（4）振动器软管使用前应检查，不得出现断裂，否则应及时检修或更换。使用时弯曲半径不得小于 500mm，不得多于两个弯。

（5）在振捣过程中，振动棒应垂直插入混凝土中，禁止触及钢筋、芯模管和预埋件。

（6）作业停止，需要移动振动器时，应先关闭电动机，切断电源，禁止直接拖拉或用软管拖拉电机。

第五节　水电管线、埋件预埋工程施工

产业化构件的预留、预埋阶段是施工中的一个重要阶段，其施工质量的优劣

直接影响着预制构件的质量水平，及时、完整、有序地抓好质量管理，是预制构件合格的基础。

一、机具准备

铅笔、钢卷尺、手锤、錾子、钢锯、锯条、半圆锉、弯管弹簧、剪管器、热风机、电炉子、工具袋、电工常用工具等。

二、工序分解

钢管预埋→线盒预埋→吊点预埋。

三、操作要点

1. 钢管施工

钢管的切断：采用钢锯、砂轮锯进行切割，将需要切断的管子长度准确度量，放在压力钳口内卡牢固，断口处平齐不歪斜，管口用半圆锉处理光滑，无毛刺，铁屑除尽。

钢管的弯曲：DN25 以下的钢管采用手动弯管器煨弯，用手扳煨管器。先将管子插入煨管器，逐步煨出所需弯度；大于 DN25 的钢管用液压弯管器煨弯，使用液压煨管器，即先将管子放入模具，然后扳动煨管器，煨出所需弯度；当埋设于地下或混凝土内时，其弯曲半径大于其外径的 10 倍；并且钢管的弯曲处，不应有折皱、凹陷和裂缝，且弯扁程度不应大于管外径的 10%。

钢管间的连接及接地：采用焊接钢管，钢管之间的连接采用套管焊接连接，接头两侧用圆钢焊跨接地线，刷防腐漆；采用镀锌钢管，钢管之间的连接采用螺纹连接，采用套丝板、套管机，根据管外径选择相应板牙。将管子用压力钳压紧牢固，再把绞板套在管端，均匀用力不得过猛，随套随浇冷却液，丝扣不乱不过长，清除渣屑，丝扣干净清晰。管径 20mm 及以下时，应分二板套成；管径在 25mm 及以上时，应分三板套成。管箍使用通丝管箍，管子套丝后，管端螺纹长度不应小于管接头长度的 1/2，管子内壁毛刺用圆锉打磨光滑，连接后，其螺纹宜外露 2～3 扣，螺纹表面应光滑、无缺损。钢管的跨接接地采用接地专用卡进行跨接。不同管径对应不同的接地专用卡，DN15、DN20、DN25 钢管的跨接裸铜线为 $4mm^2$，DN32、DN50 钢管采用的裸铜线为 $6mm^2$。

钢管预埋与混凝土结构内施工要求：现浇混凝土内配管，参照土建的定位尺寸，先将各层水平线和墙厚线弹好，对预埋的末端盒、箱位置进行准确定位。对同一墙面的末端盒、箱位置定位后，统一复核水平高度，避免尺寸超差，造成已浇筑墙面的剔凿返工，保证砼墙面的完好。

2. 预埋线盒、箱体的施工

末端线盒、箱体在预埋前，在盒、箱的背面或侧面焊接钢筋或圆钢，安装定位后，将钢筋或圆钢牢固绑扎在结构的竖向钢筋上，避免在砼浇筑时线盒、箱体的移位。

为保证开关、插座及灯位接线盒预埋成功率，在墙体、顶棚的模板板面上依据设计图纸及有关设计变更、洽商等准确定位并做好标记，在低层钢筋绑好后、上层钢筋未绑前，根据施工图在标记处位置进行配管预埋线盒。

暗装配电线管路应沿最近的线路敷设并应减少弯曲，埋入墙体或混凝土内的管子表面距墙体表面的净距离不应小于 15mm，浇灌混凝土内平行电线管间距尽可能不小于 25mm。进入落地式配电箱的电线管路排列应整齐，管口根据管线连接工艺确定管口与基础面距离，一边约 50mm。管路每两个弯位之后或一个弯位再加上不超过 10m 的直线段或最长为 15m 的直线段后必须加接线盒以便穿线。

当电线管直接敷设在钢筋混凝土的模板上时，须使用深型电线管盒，以便将电线管提升至上下钢筋之间。当电线管镶嵌于墙或地板内时，必须用铁制 Ω 型钩子或绑线将管子固定牢固。在建筑施工期间，所有电线管端口及电线盒必须用木栓或塑料泡沫板堵塞，防止混凝土等杂物进入。配管完成后根据不同功能或系统做好标识。

3. 吊点和支撑点的预埋

将焊机放置与作业工位处，接好焊机电源。对照图纸尺寸安放吊点、支撑点。吊点与钢筋，支撑点与钢筋必须有连接筋及加强筋。完成作业开始自检焊接牢固情况及尺寸、支撑点是否下返（图 3.5.1）。

图 3.5.1　吊点和支撑点的预埋

4. 梁窝的预埋

将工具及材料运至工位处，做好作业准备。根据梁窝位置用梁窝模具按位置预埋固定，并将梁窝封堵防止进浆。将梁窝模具按照图纸放置以符合尺寸位置。加固防止浇筑振捣时偏移。

5. 镀锌接线盒与镀锌线管的接地施工

预埋于结构层内的镀锌接线盒必须与镀锌线管可靠接地，镀锌钢管间跨接地及暗埋接线盒与镀锌钢管跨接地采用专用接地卡和 BVR－4 平方线压接。

第六节　测量放线工程施工

装配式整体式混凝土工程在规划设计、建筑施工、运营管理等阶段都需要进行相关的测量工作。

测量放线工是指利用测量仪器和工具测量建筑物的平面位置和高程，并按施工图放实样、确定平面尺寸的人员。其主要任务是根据地面控制点引测建筑物的控制点或轴线，进一步确定建筑施工的界线和标准，然后根据施工图进行工程的施工测量、轴线的投测、高程的传递、构配件的定位放线等测量工作，为住宅产业化的施工过程打好良好的基础。

一、机具准备

测量工作主要是在现场进行，所使用的相关机具如下：

表 3.6.1　测量工作常用机具

编号	仪器名称	性　能	精　度
1	水准仪	水准测量	DS3 型及以上精度
2	经纬仪	水平角测量	DJ6 型及以上精度
3	全站仪	坐标放样	$2+2\text{ppm}\times D$
4	测尺	塔尺或红黑尺	无
5	钢尺	3 米钢尺	无
6	对讲机	3 公里	无

图 3.6.1　全站仪

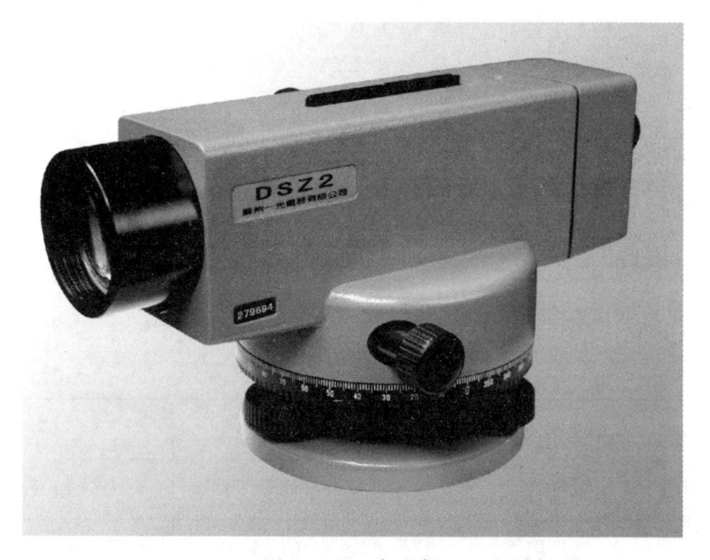

图 3.6.2　水准仪

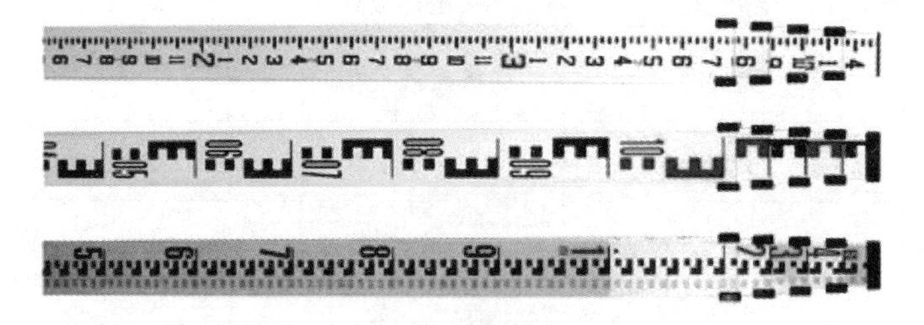

图 3.6.3　塔尺

二、工序分解

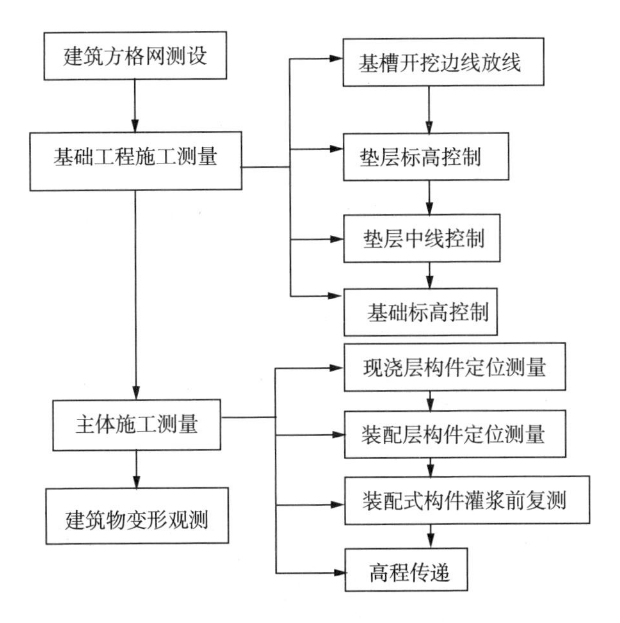

图 3.6.4　工序分解

三、操作要点

（一）建筑方格网测设

由正方形或矩形组成的施工平面控制网称为建筑方格网，或称矩形网。建筑方格网适用于按矩形布置的建筑群或大型建筑场地。

1. 建筑方格网的布设

布设建筑方格网时，应根据总平面图上各建（构）筑物、道路及各种管线的布置，结合现场的地形条件来确定。如图 3.6.5 所示，先确定方格网的主轴线 AOB 和 COD，然后再加密建筑方格网。

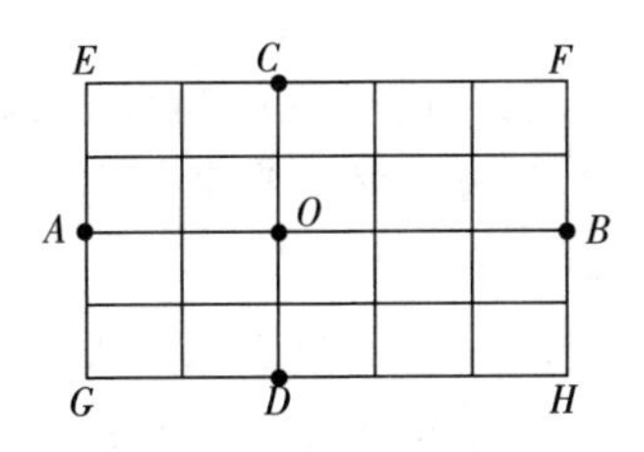

图 3.6.5　建筑方格网

2. 建筑方格网的测设

测设方法如下：

(1) 主轴线测设

主轴线测设与建筑基线测设方法相似。准备测设数据；测设两条互相垂直的主轴线 AOB 和 COD（图 3.6.4）（主轴线实质上是由 5 个主点 A、B、O、C 和 D 组成）；精确检测主轴线点的相对位置关系，并与设计值相比较，如果超限，则应进行调整。建筑方格网的主要技术要求如表 3.6.1 所示。

表 3.6.2 建筑方格网主要技术要求

等　级	边长（m）	测角中误差	边长相对中误差	测角检测限差	边长检测限差
Ⅰ级	100～300	5″	1/30000	10″	1/15000
Ⅱ级	100～300	8″	1/20000	16″	1/10000

(2) 方格网点测设

如图 3.6.5 所示，主轴线测设后，分别在主点 A、B 和 C、D 安置经纬仪，后视主点 O，向左右测设 90°水平角，即可交会出田字形方格网点。随后再作检核，测量相邻两点间的距离，看是否与设计值相等，测量其角度是否为 90°，误差均应在允许范围内，并埋设永久性标志。

(3) 基础工程施工测量

在基槽开挖之前，应按照基础详图上的基槽宽度再加上口放坡的尺寸，由中心桩向两边各量出相应尺寸，并做出标记；然后在基槽两端的标记之间拉一细线，沿着细线在地面用白灰撒出基槽边线，施工时就按此灰线进行开挖。

① 设置水平桩

为了控制基槽的开挖深度，当快挖到槽底设计标高时（距离槽底设计标高约 20～30cm 处），应用水准仪根据地面上±0.000m 点，在槽壁上测设一些水平小木桩（称为水平桩），如图 3.6.6 所示，使木桩的上表面离槽底的设计标高为一固定值（如 0.500m）。

为了施工时使用方便，一般在槽壁各拐角处、深度变化处和基槽壁上每隔 3～4m 测设一水平桩。水平桩上的高程误差应在±10mm 以内。

② 垫层标高控制

垫层标高的测设可以水平桩为依据在槽壁上弹线，也可在槽底打入垂直桩，使桩顶标高等于垫层面的标高。如果垫层需要安装模板，可以直接在模板上弹出垫层面的标高线。

机械开挖，一般是一次挖到设计槽底或坑底的标高处，因此，要在施工现场安置水准仪，边挖边测，随时指挥挖土机调整挖土深度，使槽底或坑底的标高略高于设计标高。

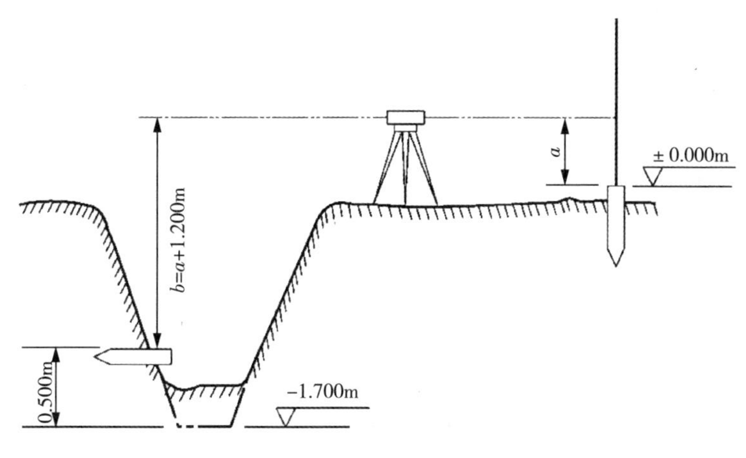

图 3.6.6　设置水平控制桩

挖完后，为了给人工清底和打垫层提供标高依据，还应在槽壁或坑壁上打水平桩，水平桩的标高一般为垫层面的标高。当基坑底面积较大时，为便于控制整个底面的标高，应在坑底均匀地打一些垂直桩，使桩顶标高等于垫层面的标高。

③ 垫层中线的投测

基础垫层打好后，根据轴线控制桩或龙门板上的轴线钉，用经纬仪或用拉绳挂锤球的方法，把轴线投测到垫层上。

（4）主体施工测量

① 现浇层构件定位测量

施工进入±0.000m后在浇注完毕的混凝土墙体或框架柱上弹出装修1m控制线，为保证其精度，各水准点应相互校核，各点较差须≤2mm，闭合差≤3mm时，取平均值作为施工时的标高基准点。高程控制线再放出后应在其周围墙面或框架柱上用红色油漆标明控制点的绝对高程和相对标高，并对其进行保护，便于在今后装修工程中使用。

浇筑完首层混凝土墙体后应根据现场抄测的±0.000m水准点向墙体引测±0.000m水平线，对建筑物标高进行控制。在引测标高前应对现场水准点进行联测，当较差≤3mm时，取其平均高程引测水平线。建筑物±0.000m水平线允许偏差±3mm。

每层施工前，应用钢尺从首层起始高程点竖直量取，当传递高度超过钢尺长度时，应另设一道标高起始线，对钢尺必须加拉力、尺长、温度三差修正，并应往返数次测量，确保标高传递的准确性。

在剪力墙暗柱、剪力墙混凝土浇筑完毕后应根据先前在上一层墙体上抄测的建筑1m控制线引测到本层墙体抄测出建筑1m标高线，来检查梁、板模板标高，控制墙、柱及梁板的混凝土浇筑标高。施工层抄平之前，应先往返测量校测上一层的建筑 1m 控制线，当较差≤2mm，闭合差≤3mm 时，取其平均高程引测水平线。抄平时，应尽量将水准仪安置在测点范围的中心位置，并进行一次精密定平，水平线标高的允许误差为±3mm。

在每层的柱子及墙体浇筑完后，在电梯井筒内墙上弹出建筑 1m 线，用红三角柱注。每施工三层时应根据首层抄测的±0.000m 水平线对建筑物高度进行校核，其偏差不得大于 3mm。

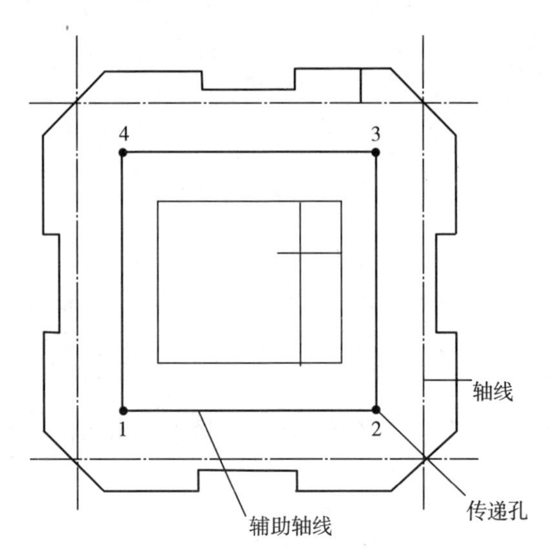

图 3.6.7　内控法轴线控制点的设置

根据控制轴线及控制水平线依次放出建筑物的纵横轴线，依据各层控制轴线放出本层构件的细部位置线和构件控制线，在构件的细部位置线内标出编号。

每栋建筑物设标准水准点 1～2 个，在首层墙、柱上确定控制水平线，首层根据建筑物水准点，在所有构件框架线内取构件总尺寸 1/4 的两点用细混凝土上粘大理石垫块找平，垫起厚度 2cm；二层以上根据建筑物水准点，在墙体构件的吊装件上用螺栓垫块找平，螺栓垫块的规格尺寸：ϕ16 通丝螺杆焊上长 50mm×宽 50mm×厚 5mm 钢板和 ϕ20 通丝螺杆焊上长 50mm×宽 50mm×厚 5mm 钢板，要求螺杆与钢板焊接垂直平整，螺栓垫块的总长度＝楼板厚度＋40mm＋20mm；抄平时直接转动调节螺栓，对其找平。

轴线放线偏差不得超过 2mm，放线遇有连续偏差时，应考虑从建筑物中间一条轴线向两侧调整。

② 装配层定位测量

墙体安装前的准备工作：

a. 墙体弹线

用经纬仪找出墙身轴线控制点，并弹出墙身轴线，作为安装墙体时定位的依据（此工作可在预制件工厂完成）。

b. 基面找平

用水准仪和测尺定出安装基面标高控制点，并将标高控制点在基面外漏钢筋处标注出来。安装前对基面利用水泥砂浆找平。

c. 测设墙身定位轴线

用经纬仪或者全站仪根据设计图纸测设出墙身定位轴线，并以定位轴线为基础使用墨线弹出墙身轮廓线，作为墙体安装时定位的依据。

d. 墙体安装测量

墙体安装测量的目的是保证墙体平面和高程位置符合设计要求，墙身竖直。预制的墙体插入基面钢筋后，应使墙身边线与定位墙身轮廓线对齐，再进行固定。如有偏差可用锤敲打楔子校正。墙体立稳后，用经纬仪或者线锤进行墙身垂直度的检查并进行校正，在复查无误后方可进行固定操作。

e. 叠合板安装测量

叠合板安装测量的目的是保证叠合板平面位置符合设计要求，预制的叠合板搁置在墙顶后，应检查叠合板边线与墙顶安装定位线后，再进行固定。如有偏差需进行校正。叠合板稳定后，在复查无误后方可进行固定操作。

（二）建筑物变形观测

建筑物变形观测的主要内容有建筑物沉降观测、建筑物倾斜观测、建筑物裂缝观测和位移观测等。监测的周期取决于变形值的大小、变形速度以及监测的目的。通常监测的次数应既能反映出变化的过程，又不遗漏变化的时刻。

在施工阶段，监测频率应大些，一般有 3 天、7 天、半个月 3 种周期；到了竣工营运阶段，频率可小一些，一般有 1 个月、2 个月、3 个月、半年及一年等不同的周期。

（1）建筑物的沉降观测

建筑物沉降观测是用水准测量的方法，周期性地观测建筑物上的沉降观测点和水准基点之间的高差变化值。

（2）建筑物的倾斜观测

用测量仪器来测定建筑物的基础和主体结构倾斜变化的工作称为倾斜观测。

四、质量要求

表 3.6.3 装配式结构尺寸允许偏差及检验方法

<table>
<tr><th colspan="3">项目</th><th>允许偏差（mm）</th><th>检验方法</th></tr>
<tr><td rowspan="3">构件中心线对轴线位置</td><td colspan="2">基础</td><td>15</td><td rowspan="3">尺量检查</td></tr>
<tr><td colspan="2">竖向构件</td><td>10</td></tr>
<tr><td colspan="2">水平构件</td><td>5</td></tr>
<tr><td>构件标高</td><td colspan="2">梁、柱、墙、板顶面或底面</td><td>±5</td><td>水准仪或尺量检查</td></tr>
<tr><td rowspan="3">构件垂直度</td><td rowspan="3">柱墙</td><td><5m</td><td>5</td><td rowspan="3">经纬仪或全站仪量测</td></tr>
<tr><td>5～10m</td><td>10</td></tr>
<tr><td>≥10m</td><td>20</td></tr>
<tr><td>构件倾斜度</td><td colspan="2">梁、桁架</td><td>5</td><td>墨线、钢尺量测</td></tr>
<tr><td rowspan="5">相邻构件平整度</td><td colspan="2">板端面</td><td>5</td><td rowspan="5">钢尺塞尺量测</td></tr>
<tr><td rowspan="2">梁板底面</td><td>抹灰</td><td>5</td></tr>
<tr><td>不抹灰</td><td>3</td></tr>
<tr><td rowspan="2">柱墙侧面</td><td>外露</td><td>5</td></tr>
<tr><td>不外露</td><td>10</td></tr>
<tr><td>构件搁置长度</td><td colspan="2">梁、板</td><td>±10</td><td>尺量检查</td></tr>
<tr><td>支座支垫中心位置</td><td colspan="2">板、梁、柱、墙、桁架</td><td>10</td><td>尺量检查</td></tr>
<tr><td rowspan="2">墙板接缝</td><td colspan="2">宽度</td><td rowspan="2">±5</td><td rowspan="2">尺量检查</td></tr>
<tr><td colspan="2">中心线位置</td></tr>
</table>

第七节 装配工程施工

装配、拼接是装配式结构工程的重要的施工工艺，将影响整个建筑质量和安全。因此，施工现场的装配应由专业的产业化工人操作。现场的装配工人应是起重司机、吊装工、信号工等职业工人。

吊装是用起重机械将各种建筑结构的预制构件吊起并安装到设计位置上，完成构件拼装作业的重要工序，是建筑产业现代化施工的重要施工技术。住宅产业化生产和施工过程中，吊装工程需要专业的技术工人相互配合完成作业，包括起重机司机（操作员）、吊装工、信号工等。

起重机司机（操作员）是指操作起重机进行载荷作业或进行起重机架设作业的专业人员。吊装工是指负责用起重机吊具装卸载荷，并根据定位载荷定位的操作计划选用正确的起升装置和设备的人员。信号工是指负责将吊装工的信号传递给起重机操作员的人员。吊装工程属于高空作业、危险性较大的分部分项工程，需要各工种相互配合，各司其职。

表 3.7.1　装配工

工种	司机	吊装工	信号工
岗位	起重机搭设、拆卸，起重机安全操作	选择吊具并检查，吊挂、下载重物，传达信号给信号工	将吊装工的信号传递给起重机司机
要求	服从信号工发出的信号	专人负责，熟悉吊具并运用，发出正确信号	熟悉发出信号，正确运用语言、手语、旗语等信号工具

一、机具准备

在住宅产业化生产过程中，吊装工作包括厂内吊装、场地周转和现场吊装等三部分内容，所使用的相关机具如下：起重机械、吊具、通信工具、信号旗、撬棍、临时固定装置。

二、工序分解

在住宅产业化生产过程中，吊装工作包括构件生产吊装、场地周转和施工现场吊装等三部分内容。

1. 构件生产吊装

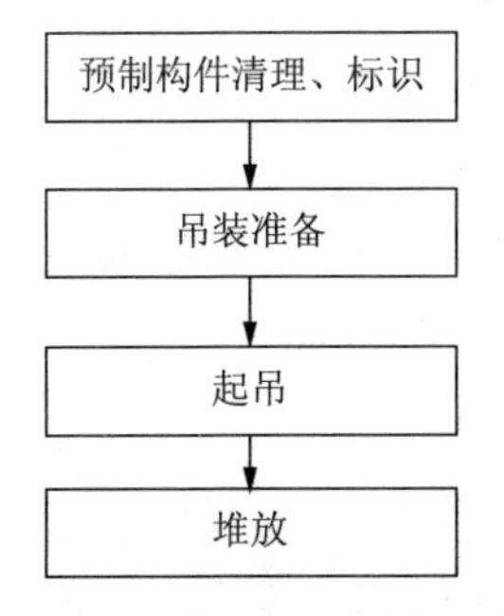

图 3.7.1　构件生产吊装工序

2. 施工现场吊装

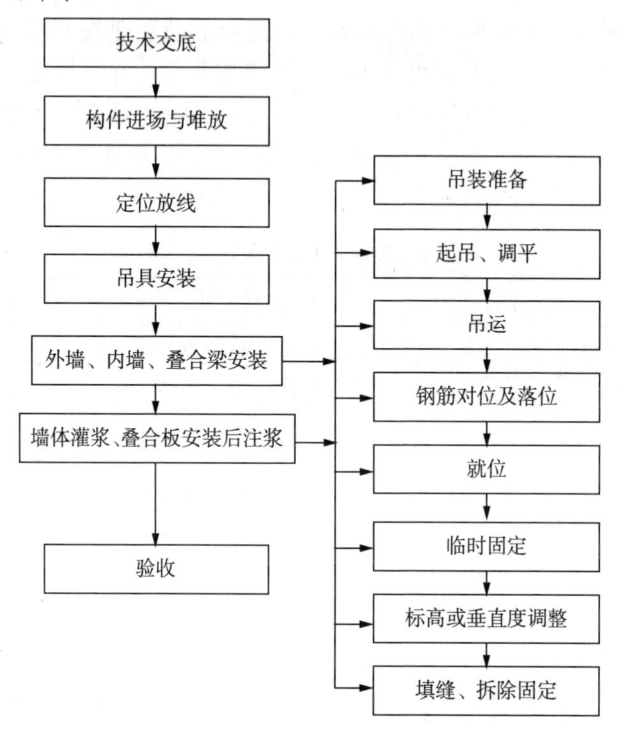

图 3.7.2 施工现场吊装工序

三、操作要点

(一) 预制工厂生产和场地周转吊装要点

1. 清理预制构件表面杂物，通透注浆孔。

2. 按照图纸设计要求，在预制构件表面清晰标识楼号、层数和其他符号等信息，作为预制构件编号。校核预制构件是否存在漏编、错编等现象。

3. 将编号的预制构件安装吊具。安装前应检查吊具是否符合现行国家标准的要求。否则应及时更换，以免存在安全隐患。

4. 拆除模具。

5. 使用翻板机和吊装设备将预制构件缓慢起吊。

6. 吊装设备将预制构件匀速吊至车辆上方，缓慢落置在垫块或临时支架上，并做好成品保护。

7. 运输车辆将预制构件运送到堆场后，再次利用起重设备把预制构件吊装至存放场地，并做好成品保护。

(1) 堆放场地应平整、坚实，并应有排水措施。

（2）预埋吊件应朝上，标识宜朝向堆垛间的通道，便于查找。

（3）构件支垫应坚实，垫块在构件下的位置宜与脱模、吊装时的起吊位置一致。

（4）重叠堆放构件时，每层构件间的垫块应上下对齐，堆垛层数应符合相关要求，并采取防止倾覆的措施。

8. 堆场周转。将构件从堆场运至施工现场时，应制订预制构件的运输计划及方案，采取专门的质量安全保证措施。预制构件周转的运输车辆应满足构件尺寸和载重的要求。

（二）施工现场安装要点

1. 技术交底

安装施工前应对施工人员进行安全作业培训和施工安全技术交底。

2. 构件进场与堆放

（1）构件进场运送到现场时，要按照就近原则堆放，减少起重机械行走路程，并按照要求相关规范标准堆放。

（2）检验预制构件、安装用材料及配件等是否符合设计要求及国家现行有关标准的规定。预制构件是否出现破损或污染，否则应及时更正或清理。

（3）构件出场前都有相应的构件编号。现场应检查编号是否清晰，是否存在错编、漏编，否则应及时更正，以便于吊装工作，减少误吊概率。

（4）检验构件套筒、预留孔内有无杂物或堵塞，否则应及时清孔，复核孔道的长度是否足够，否则要及时处理。

（5）合理规划构件循环运输通道和临时码放场地，设置必要的现场临时存放架，做好成品保护。

3. 定位放线

安装施工前，清理基面或结合面，并应剔除表面松动的石子、浮浆，提前按要求润湿，但不得有积水。

按照施工图纸和构件吊装顺序，进行测量放线、定位，引出控制轴线和垂直投测，做好标高和垂直度控制。

4. 吊具安装

（1）吊具应符合国家现行相关标准的规定。自制、改造、修复和新购置的吊具应进行设计验算或实验检验，并经认定合格后方可投入使用。

（2）发现安全隐患的吊具不得使用，应及时更换，这样既节约吊装时间又可保证吊装质量和吊装安全。

（3）根据施工图纸和吊点位置，吊装工准备吊具并安装。安装完毕，检查合格后，向信号工发出起吊信号。

5. 吊装准备

（1）合理设置吊装顺序。吊装顺序除了满足墙体、楼梯、叠合板等预制构件安装顺序表外，还应结合施工现场情况，满足先外后内，先低后高原则。绘制吊装作业流程图，方便吊装机械行走，达到经济效益。

（2）检验预制构件质量和性能是否符合现行国家规范要求。未经检验或不合格的产品不得使用。

（3）所有构件吊装前应做好截面控制线，方便吊装过程中调整和检验，有利于质量控制。

（4）所有构件吊装前必须完成下部支撑体系，且支撑点标高应精确。

（5）安装前，应复核吊具是否处于安全操作状态。

（6）安装前，复核测量放线及安装定位标识。

（7）阅读起重机械吊装参数及相关说明（吊装名称，数量、单件质量、安装高度等参数），并检查起重机械性能，以免吊装过程中出现无法吊装或机械损坏停止吊装等现象，杜绝重大安全隐患。

（8）安装前应起重机械设备进行试车检验并调试合格，宜选择具有代表性的构件或单元试安装，并应根据试安装结构及时调整完善施工方案和施工工艺。

6. 墙体吊装要点

装配式剪力墙结构的建筑平面、立面和竖向剖面布置的规则性应综合考虑安全性能、使用性能、经济性能等因素。宜选择整体简单、规则、均匀、对称的建筑方案，不规则的建筑结构应采取加强措施，不应采用特别不规则的建筑。

吊装要点如下：

（1）安装前应复核插筋按图纸是否到位，依次校正。弹出控制线，调整垫块，保证表面平整度。

图 3.7.3 测量、弹线

（2）起重司机按照起吊信号和吊装顺序开始起吊。构件起吊至 20～30cm，调整构件平衡，避免起吊出现摇晃。

整个吊装过程中应采用慢起、快升、缓放的操作方式，保证构件平稳放置。

图 3.7.4　起吊、调平

（3）调平后，应将预制墙板快速、安全地吊至待安装位置的上方。

图 3.7.5　吊运

（4）构件吊至插筋上方 20～30cm 处，将插筋与孔道对孔，复核无误后缓缓下降，确保整个过程一次完成。

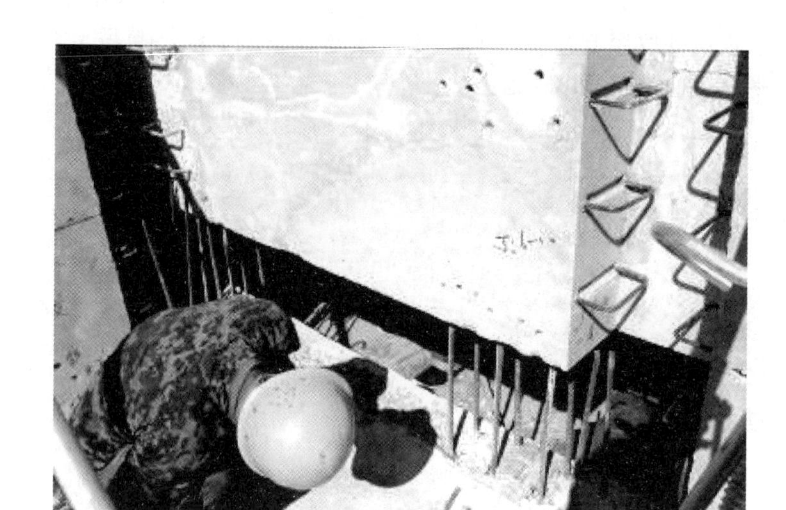

图 3.7.6　对孔

（5）预制剪力墙就位时，需要人工扶正墙体，让地梁或圈梁上预埋竖向外露钢筋与预制剪力墙预留空孔洞一一对应插入。预制剪力墙吊装放置在地梁或圈梁上后应与地梁或圈梁预先弹好的墨线边线重合，并在墙体连接处提前放好箍筋。

起重机械未卸载前，依据标高控制线及时调整墙体标高，使用线锤和水平尺及时调整墙体水平位置。

图 3.7.7　扶正

（6）预制构件吊装就位后，应及时校正并采取临时固定措施。临时固定设施应符合相关规定。

安装临时支撑，防止发生预制剪力墙倾斜等现象。预制剪力墙就位后，应及时用螺栓将可调节斜支撑分别固定在构件与楼板面上，先通过吊线法或者经纬仪检查的方式检查墙体垂直度，对垂直度不符合要求的墙体可以通过调整斜支撑和底部的螺栓垫块对预制剪力墙各墙面进行垂直度校正，直到预制剪力墙达到设计要求。

墙板支撑设置应满足下列要求：

① 每块墙板的支撑设置不得少于两个；

② 支撑点位置宜设置于墙体高度 2/3 处；

③ 支撑于水平线夹角宜在 55°～66°之间。

（7）拆除吊具，使用临时固定设施、线锤和水平尺调整墙体垂直度，保证水平度、垂直度和标高误差控制在 3mm 以内。

图 3.7.8 拆除吊具

（8）拆除临时设施，填补缝隙。

图 3.7.9 填缝

7. 叠合梁、板安装要点

(1) 吊装顺序以吊装顺序表为基本原则。

(2) 带梁剪力墙或隔墙吊装顺序遵循先主梁后次梁，先低后高的原则。

(3) 吊装前根据吊装顺序检查装车顺序是否对应，墙和叠合板吊装标识是否正确。

(4) 吊装前对外墙分割线进行统筹分割，尽量将现浇结构的施工误差进行平差，防止预制构件因累积误差而无法进行。

(5) 吊装剪力墙和叠合板应依次铺开，不宜间隔吊装。

(6) 吊装前应先将对应的结构标高线标于墙体内侧，有利于构件标高控制，误差不得大于 2mm，预制墙吊装就位后标高允许偏差不大于 4mm，全层不大于 8mm，定位不大于 3mm。

(7) 叠合板吊装就位后偏差不大于 2mm，累计误差不大于 5mm；板底支撑高差不得大于 2mm，标高不得大于 3mm；悬挑板外端比内端支撑尽量调高 2mm。

(8) 预制墙板侧面、顶面及底面与现浇混凝土的结合面应做成抗剪粗糙面或抗剪键槽；当采用抗剪键槽时，键槽的数量应按计算确定，且每边不宜少于 4

个，抗剪键槽应与抗剪粗糙面共同使用，并应符合下列规定：

① 预制墙板底面抗剪粗糙面的凸凹不应小于 4mm；

② 抗剪键槽的深度不宜小于 30mm，底面宽度不宜小于 50mm，底面长度宜为 150～250mm，抗剪键槽端部斜面与水平面夹角宜为 30°～60°；抗剪键槽顶面到墙板边的距离不宜小于 40mm，抗剪键槽顶面的净间距不宜小于 150mm。

8. 楼梯吊装要点

（1）根据楼梯控制线确定楼梯预制构件水平、垂直高度安装位置，并且将楼梯踏步最上、最下步安装位置用墨线弹在楼梯间剪力墙上，楼梯构件踏步最上、最下步安装位置按建筑标高控制。

（2）楼梯梁及缓台板按结构标高进行支模，绑楼梯梁底筋、箍筋、腰筋。

（3）根据楼梯构件安装位置先安装楼梯支撑，每块楼梯构件支撑不少于 2 个。

（4）楼梯构件编号核定准确后方可吊装楼梯构件，楼梯构件吊装时先进行试吊，缓慢起吊离地 1～1.5m 高度确认无误后方可完全起吊，在离安装位置高度 0.5 米再进行一次位置调整，调整完毕后缓慢下落。楼梯构件吊装由工人在楼梯构件上、下两边及内侧面对位、扶正，使楼梯构件进入现浇梁内后初步安装完成。

（5）剪力墙控制线对楼梯构件位置进行符合，使用可调节支撑对标高进行微调，保证楼梯构件安装位置准确。

9. 安全管理

（1）吊装工的作业安全管理基本要求

① 应按照国家标准规定对吊装机具进行日检、月检、年检。对检查中发现问题的吊装机具，应进行检修处理，并保存检修档案。

② 吊装作业人员（指挥人员、起重工）应持有有效的《特种作业人员操作证》，方可从事吊装作业指挥和操作。

③ 吊装质量大于等于 40t 的重物和土建工程主体结构，应编制吊装作业方案。吊装物体虽不足 40t，但形状复杂、刚度小、长径比大、精密贵重，以及在作业条件特殊的情况下，也应编制吊装作业方案、施工安全措施和应急救援预案。

④ 吊装作业方案、施工安全措施和应急救援预案经作业主管部门和相关管理部门审查，报主管安全负责人批准后方可实施。

⑤ 利用两台或多台起重机械吊运同一重物时，升降、运行应保持同步；各台起重机械所承受的载荷不得超过各自额定起重能力的 80%。

吊装作业前应进行以下项目的安全检查：

① 实施吊装作业单位的有关人员应对起重吊装机械和吊具进行安全检查确认，确保处于完好状态。

② 实施吊装作业单位的有关人员应对吊装区域内的安全状况进行检查（包括吊装区域的划定、标识、障碍）。警戒区域及吊装现场应设置安全警戒标志，并设专人监护，非作业人员禁止入内。

③ 实施吊装作业单位的有关人员应在施工现场核实天气情况。室外作业遇到大雪、暴雨、大雾及 5 级以上大风时，不应安排吊装作业。

(三) 作业中安全措施

① 吊装作业时应明确指挥人员，指挥人员应佩戴明显的标志，应佩戴安全帽。

② 应分工明确、坚守岗位，并按规定的联络信号，统一指挥。指挥人员按信号进行指挥，其他人员应清楚吊装方案和指挥信号。

③ 正式起吊前应进行试吊，试吊中检查全部机具、地锚受力情况，发现问题应将工件放回地面，排除故障后重新试吊，确认一切正常，方可正式吊装。

④ 吊装作业中，夜间应有足够的照明。室外作业遇到大雪、暴雨、大雾及 6 级以上大风时，应停止作业。

⑤ 起吊构件就位前，不许解开吊装索具。

(四) 操作人员应遵守的规定

① 按指挥人员所发出的指挥信号进行操作。对紧急停车信号，不论由何人发出，均应立即执行。

② 司索人员应听从指挥人员的指挥，并及时报告险情。

③ 当起重臂吊钩或吊物下面有人，吊物上有人或浮置物时，不得进行起重操作。

④ 严禁起吊超负荷或重物质量不明和埋置物体；不得捆挂、起吊不明质量、与其他重物相连、埋在地下或与其他物体冻结在一起的重物。

⑤ 在制动器、安全装置失灵、吊钩防松装置损坏、钢丝绳损伤达到报废标准等情况下严禁起吊操作。

⑥ 应按规定负荷进行吊装，吊具、索具经计算选择使用，严禁超负荷运行。所吊重物接近或达到额定起重吊装能力时，应检查制动器，用低高度、短行程试吊后，再平稳吊起。

⑦ 重物捆绑、紧固、吊挂不牢、吊挂不平衡而可能滑动，或斜拉重物，棱角吊物与钢丝绳之间没有衬垫时不得进行起吊。

⑧ 不准用吊钩直接缠绕重物，不得将不同种类或不同规格的索具混在一起使用。

⑨ 吊物捆绑应牢靠，吊点和吊物的中心应在同一垂直线上。

⑩ 无法看清场地、无法看清吊物情况和指挥信号时，不得进行起吊。

四、质量要求

构件安装质量应符合设计要求，并符合现行的行业、地方的规范和标准。具体见中华人民共和国行业标准《装配式混凝土结构技术规程》和安徽省地方标准《装配整体式剪力墙结构技术规程》。

表 3.7.2　构件安装质量要求（mm）

项　目		允许偏差
墙板	中心线对定位轴线的位置	5
	垂直度	5
	墙板拼缝高差	±5
外墙装饰面	板缝宽度	±5
	通长缝直线度	5
	接缝高差	3
楼板	平整度	5
	下表面标高	±5
梁	中心线对定位轴线的位置	5
	下表面标高	−5～0
楼梯	水平位置	5
	标高	±5
阳台	水平位置	5
	标高	±5

注：摘自安徽省地方标准《装配整体式剪力墙结构技术规程（试行）》。

第八节　注浆工程施工

在装配式钢筋混凝土结构中，为保证预制构件之间或者预制构件与现浇构件之间的节点或者接缝的承载力、刚度、延性不低于现浇混凝土结构，常用的连接方式有机械连接、湿混凝土连接、注浆连接等。注浆工艺其接缝处处理的好坏跟灌浆工的施工水平有着直接的关系。

一、机具准备

灌浆料搅拌器、称量设备、注浆设备和灌浆管、辅助器具及浆料。

图 3.8.1 灌浆机

图 3.8.2 灌浆管

图 3.8.3　灌浆料

二、工序分解

清理基层→检查灌浆孔和排气孔→水平缝封堵→制备浆料→注浆孔注浆→封堵注浆孔。

图 3.8.4　清理基层

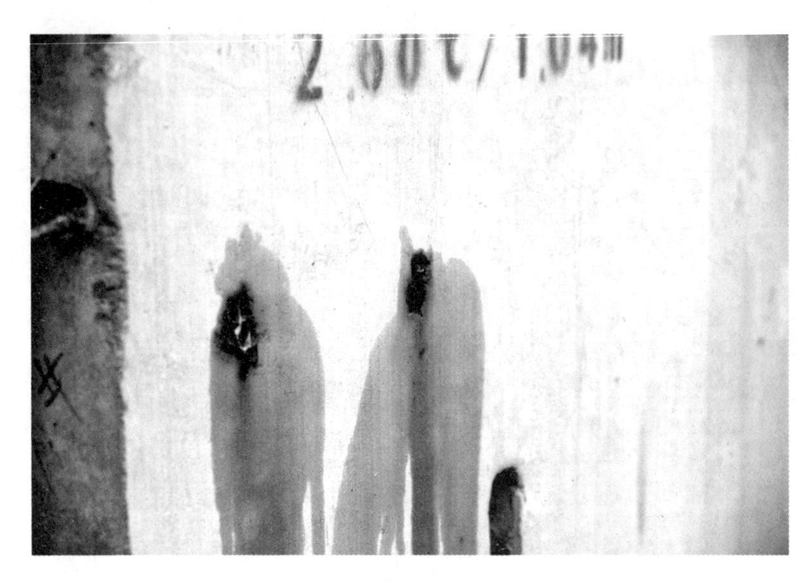

图 3.8.5　检查灌浆孔和排气孔

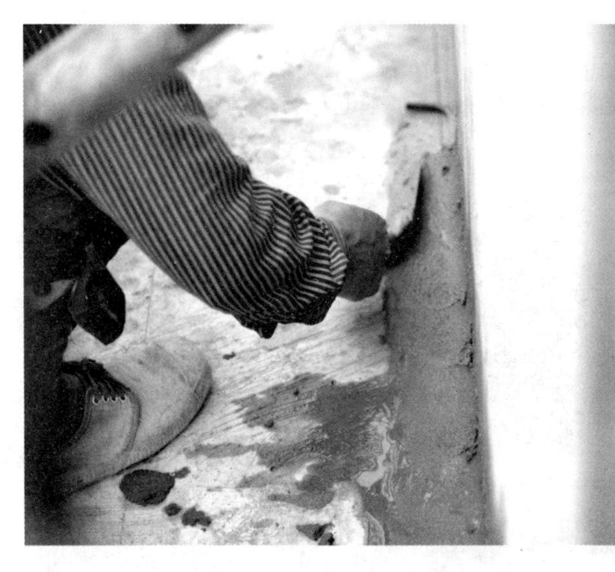

图 3.8.6　水平缝封堵

图 3.8.7　制备浆料

图 3.8.8　注浆孔注浆

图 3.8.9　封堵注浆孔

三、操作要点

1. 灌浆基层应清理干净，不得有油污、浮灰、粘贴物、木屑等杂物，并且在构件毛面处剔毛且不得有松动的混凝土碎块和石子。

2. 与灌浆料接触的基层表面用水润湿且无明显积水。

3. 竖向结构与基层之间的缝隙应该用砂浆堵死。

4. 检查灌浆施工机具是否运转正常（灌浆机运转正常、压力正常、灌浆管通畅、灌浆嘴通畅）。

5. 灌浆应使用灌浆专用设备，并严格按设计规定配比方法配比灌浆料。

6. 喷浆前应检测灌浆料的坍塌度，计算喷浆量。灌浆时根据理论值核对现场灌浆料。如遇灌浆料明显少于理论值时，检查是否有堵孔现象，及时进行通孔处理后补灌。

7. 通过灌浆孔与通气孔的一一对应关系，即在一个灌浆孔灌浆后其对应的通气孔出浆，才视为此预留孔灌实。

8. 连续喷浆，直至喷满，每个空孔洞必须一次喷完，不得进行间隙多次喷浆。如遇填加料时需停歇，保证前次注浆料初凝前开始后次注浆工作，如灌浆孔内进入空气，改用细管以使灌浆料能灌入孔中。

9. 喷浆完毕，立即用苯塑封堵。

四、质量要求

1. 浆料与基层粘接不牢靠

原因：基层处理不彻底、灌浆前基层没有湿润。

预防措施：竖向构件与楼面连接处的水平缝应清理干净；灌浆前 24h 连接面应充分浇水湿润，灌浆前 1h 应吸干积水。

2. 漏浆

原因：竖向结构与基层缝隙封堵不充分、封堵砂浆强度不足。

预防措施：灌浆前 24h，采用强度大于 10MPa 的水泥砂浆，对剪力墙与楼面连接处的水平拼缝进行坐浆密封，确保不漏浆。

3. 灌浆速度过慢

原因：灌浆孔道不通畅，灌浆料坍落度不足，未按浆料配合比投料，搅拌时间不足。

预防措施：灌浆前应全面检查灌浆孔道是否通畅；灌浆料配合比必须符合灌浆工艺及灌浆料使用说明书要求；检查减水剂的添加情况；灌浆料应采用电动搅拌器充分搅拌均匀，搅拌时间从开始投料到搅拌结束应不少于 3min，搅拌后的灌浆料应在 45min 内使用完毕。

4. 灌浆料灌注不密实

原因：灌浆料坍落度不足，灌浆压力不足，灌浆顺序不正确。

预防措施：浆锚节点灌浆必须采用机械压力注浆法，确保灌浆料能充分填充密实；灌浆应连续、缓慢、均匀地进行，灌浆料必须由排气孔溢出灌浆料；灌浆后 24h 内不得使构件和灌浆层受到振动、碰撞。

第九节　脚手架工程施工

脚手架是指施工现场为工人操作并解决垂直和水平运输而搭设的各种支架，脚手架是土木工程施工的重要设施，是为保证高处作业安全、顺利进行施工而搭设的工作平台或作业通道。在结构施工、装修施工和设备管道的安装施工中，都需要按照操作要求搭设脚手架。装配式钢筋混凝土结构工程在施工过程中使用的脚手架以外挂架为主。

架子工是指使用搭设工具，将钢管、夹具和其他材料搭设成操作平台、安全栏杆、井架、吊篮架、支撑架等，且能正确拆除的人员。在装配式钢筋混凝土结构工程中主要进行外挂架的安装与拆除工作。

一、机具准备

挂架结构由三角型架、大小横杆、竖向立杆、安全防护栏杆、安全网、操作平台封板、承重螺栓、吊钩等组成。

1. 三角型架是由槽钢焊接而成，挂架的一侧设有 2 个附墙支座，三角斜撑和加强斜杆采用 Φ48×3.5 钢管焊接而成。

2. 大小横杆、竖向立杆、安全防护栏杆，均采用 Φ48×3.5 钢管，用十字扣件连接成整体。

3. 承重螺栓采用 Φ26 圆钢制作，每个三角型架上附墙支座设 1 根，承重螺栓型状为 T 形，一端有螺纹，配备 T26×4 双螺母和垫板。

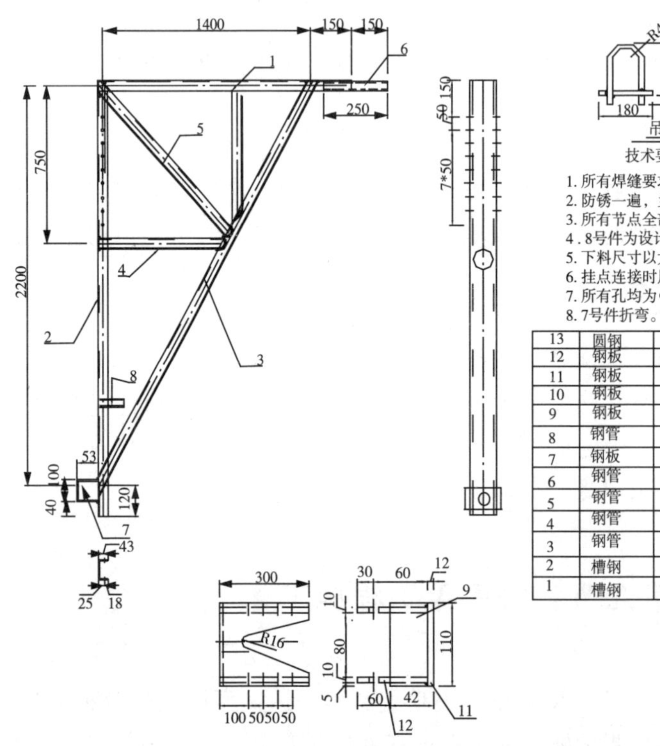

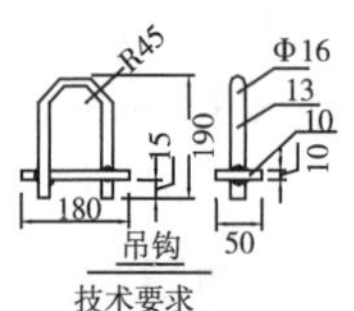

技术要求

1. 所有焊缝要求满焊,h=4–5mm。
2. 防锈一遍，兰色面漆两遍。
3. 所有节点全部满焊。
4 . 8号件为设计关键部位，必须保证焊接质量。
5. 下料尺寸以大样为准。
6. 挂点连接时用M16*140（双母）。
7. 所有孔均为Φ18。
8. 7号件折弯。

合计：66.51kg/67.49kg

13	圆钢	Φ16 L=430	2	1.36
12	钢板	–10*90*300	2	4.24
11	钢板	–12*110*300	1	3.11
10	钢板	–10*180*50	2	1.41
9	钢板	–6*110*42	1	0.22
8	钢管	Φ48–230	1	0.88
7	钢板	–6*80*206	1	3.49
6	钢管	Φ48*3.5–250	1	0.96
5	钢管	Φ48*3.5–1139	1	4.37
4	钢管	Φ48*3.5–857	1	3.29
3	钢管	Φ60*3.5–2555	1	12.47
2	槽钢	[8#–2341.5	1	18.84
1	槽钢	[8#–1475	1	11.87

图 3.9.1　三角外挂架

二、工序分解

外挂架清理→片与片外挂架间连杆拆除→外挂架、螺杆拆除→上层螺栓就位→外挂架提升、就位→单片外挂架间重新连接、围护。

三、操作要点

1. 在提升外挂架前必须清理干净架体上所有杂物，防止在提升中落物伤人。

2. 因两单片外挂架间有一定的间隙，为防止落物，架体间用脚手板和安全网围护到位。提升前应对架体的各扣件进行紧固，再拆除架体间相连部位。

3. 安装上部墙体的钩头螺杆，外侧必须伸出 2cm 左右，防止过短而导致外挂架就位困难，同时防止过长而触及杆件。外挂架就位前必须在上层螺杆设置好垫片，铰紧螺母，否则不得提升外挂架向上层就位。

4. 单片外挂架与结构连接件拆除完毕后，外挂架提升 30cm 左右，侧移 15cm 左右，操作人员首先在楼层内拆除螺母，接着在挂架下层拔出螺杆，最后在塔吊信号工指挥下提升外挂架。在未挂好吊勾前，不允许松动挂架螺栓。

5. 塔吊应匀速提升外挂架，不得偏离墙体过远。提升过程中应统一协调，避免提升的架体与相邻架体碰撞。就位时必须缓慢下放，防止对螺杆、墙体产生冲击荷载。

6. 对两单片外挂架进行重新连接成整体，增加抗风荷载能力，并进行有效防护。

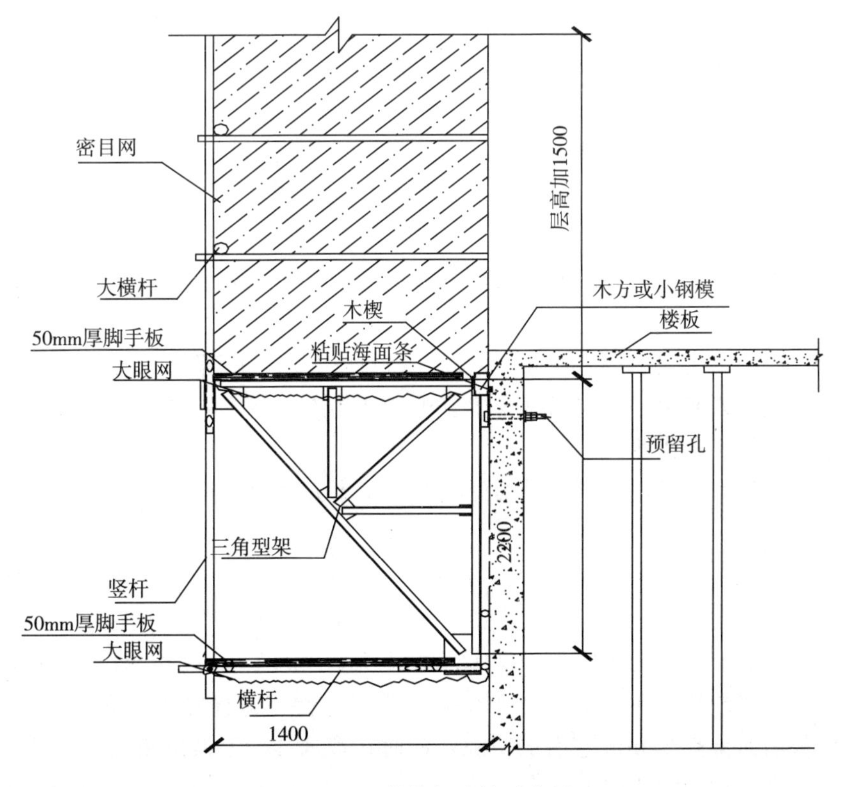

图 3.9.2　外挂架连接示意图

7. 外挂的装卸均是成组进行。按照外挂架的平面布置图，把外挂架按 3～5 榀组装成一个单元。外挂架的组拼在二层墙体安装完毕后进行。每个单元外挂架必须有四道钢管通长加固。其中三道设于三脚形的上边上，与外挂架用钢管扣件连接，另一道设置在三角形下部角上。

8. 外挂架的组拼高度按两层考虑，上面操作层设 1200mm 高的安全护栏，总高度为 7000mm。为保证整体性，外挂架间距不得大于 1200mm。在操作面上满铺脚手板板，并在外侧设置设 180mm 高的挡脚板，挡脚板采用多层板制作，高度为 180mm，刷红白相间油漆。每个单元的外架立面设置剪刀撑，外侧挂密目安全网。

9. 外挂架使用注意事项：

(1) 外挂架悬挂间距≤1200mm。施工荷载只考虑一层操作层，为3kN/m^2，不能两层同时作业。

(2) 外挂架自重及脚手板等重 2.0kN/m^2，模板自重按最大模板块考虑，斜撑放置一榀外挂架上，即 2.5kN/m^2。

(3) 穿墙挂架螺栓为直径 30mm 的圆钢，施工中不得使用其他材质或规格的螺栓代替。垫板为 10mm×100mm×100mm，根据大模板计算书验算，混凝土强度达到 7.5MPa 时，垫板完全可以承载外挂架产生轴向拉力。钩头螺栓采用双螺母。

(4) 外挂架操作层上满铺 50mm 厚脚手板，有劈裂、腐朽的脚手板不得使用。在距脚手板两端 80mm 处，用镀锌钢丝加两道紧箍，以防止板端劈裂。施工中不得有探头板，脚手板与挂架用 8 号铅丝绑扎牢固，避免起吊过程中坠落伤人。脚手板采用搭接接头，接头处不得留空头，转角处两个方向要搭接，栏杆要拉通。

(5) 挂架组装完毕后，挂架外侧满挂密目安全网，底部设大眼安全网一道。

(6) 外挂架使用时，应用钢管将若干榀挂架连成整体，组成安装单元。提升时按单元进行提升作业。

(7) 挂架组装时，在门窗过梁处挂架可用木方过渡荷载，防止梁截面过小被拉裂。

(8) 施工中严格控制荷载，不可超过设计要求。下层铺脚手板作为硬防护。上层铺脚手板用于施工操作，操作中不允许三人以上集中在一起。

(9) 在墙上穿挂钩螺栓时，操作人员必须配合操作，一个人站在顶板上，另一个在室内（严禁站在挂架上往墙内穿入螺栓）。穿墙螺栓穿入后立即拧上螺母，使挂钩与墙面留有 20mm 左右的空隙，同时在墙内挂钩上做出相应的记号，保证外挂架提升时挂钩的钩朝上。

（10）外挂架提升应在上部楼板安装完毕之后，提升外挂架前应先在室内松开要提升挂架的螺栓，松开长度为10mm，但不能卸下螺母，待外挂架吊走后，方可卸下螺母。

（11）提升外挂架过程中，外挂架上不允许站人，待提升挂好后，方可到下一层脚手板上取下下层挂钩螺栓，送到上层待用。

（12）外挂架在投入使用前，要在接近地面的高度做荷载试验，加荷载试验最少持续4h，以检验悬挂点的强度、焊接与预埋的质量，以防事故发生。

（13）为防止动荷载使螺母转动变松，挂钩螺母必须紧固两个。

10. 脚手架安全文明施工要求：

（1）进入施工现场的人员必须戴好安全帽，并系好下额带。高空作业系好安全带，穿好防滑鞋，现场严禁吸烟。

（2）进入施工现场人员要爱护场内的各种绿化设施和标示牌，不得随意拆除和移动标示牌。

（3）严禁酒后人员上架作业，施工操作时要求精力集中、禁止开玩笑和打闹。

（4）脚手架搭设人员必须是经考试合格的专业架子工，上岗人员定期体检，体检合格者方可发放上岗证，凡患有不适宜高空作业病患的人员，一律不准上脚手架操作。

（5）上架子作业人员上下均应走室内楼梯，不准攀爬架子。

（6）护身栏、脚手板、挡脚板、密目安全网等影响作业班组支模需拆改时，应由架子工来完成，任何人不得任意拆改变动。

（7）不准利用脚手架吊运重物；作业人员不准攀爬架子上下作业面；不准推车在架子上跑动；塔吊起吊重物时不能碰撞和拖动脚手架。

（8）不得将模板支撑、缆风绳、泵送混凝土的输送管等固定在脚手架上，严禁任意悬挂起重设备。

（9）施工人员严禁凌空投掷杆件、物料、扣件或其他物品。

（10）材料、工具用滑轮和绳索运输不得乱扔。

（11）使用的工具要放在工具袋内，防止掉落伤人；登高要穿防滑鞋，袖口及裤口要扎紧。

（12）脚手架堆放场做到整洁、摆放合理、专人保管，并建立严格领退料手续。

（13）施工人员做到活完料净脚下清，确保脚手架施工材料不浪费。

（14）运至地面的材料应按指定的地点随拆随运，分类堆放，当天拆当天清，拆下的扣件和铁丝要集中回收处理。应随时整理、检查，按品种、分规格堆放整齐，妥善保管。

(15) 六级以上大风、大雪、大雾、大雨天气停止脚手架作业。在冬季、雨季要经常检查脚手板、斜道板、跳板上有无积雪、积水等物。如有则应随时清扫，并要采取防滑措施。并注意平时的清理与打扫。

第十节　设备操作工程施工

装配整体式混凝土结构的施工现场机械化程度很高，有着大量的施工机具设备，而设备操作工水平的高低直接决定了住宅产业化项目的建筑质量。所以在产业化培训中设备操作工的培训也是培训工作重要的一环。

一、工种组成

装配整体式混凝土结构设备操作工除前面章节已经介绍的内容之外还由以下工种构成：蒸汽养护设备操作工、钢筋加工设备操作工、混凝土生产设备操作工。

二、操作要求

(一) 蒸汽养护设备操作工

蒸汽养护设备为住宅产业化厂内预制构件生产的重要机械设备。对蒸汽养护设备的操作要求如下：

1. 接到送气通知单后不许直接送气，应先关闭送气阀门，然后慢慢打开主蒸汽阀，气送到分汽缸后认真检查分汽缸的压力表和阀门，当压力达到标准时试放安全阀一次。

2. 通气前先要确保蒸养池内无杂物（特别是人员），各仪表阀门确为正常时才能送气。

3. 操作时应坚守岗位，认真观察仪表压力读数、安全阀等，如果有可能发生严重危险情况，应立即关闭主蒸汽阀，停止作业，采取有效措施后立即向有关领导汇报，确认故障排出后才能使用。

4. 出现下列情况之一时停止送气：

(1) 安全阀失灵，在规定排放气的范围内不启动。

(2) 压力表回不到0点，表面出现模糊不清等不正常现象。

(3) 在连通的管道内，压力表读数误差超过仪器要求。

(4) 蒸汽阀或管道严重损坏，漏气危及人身安全。

（5）受压附件发生变形，可能发生爆炸。

5. 按规定穿戴防护用品，安全阀每周必须在规定压力范围内自动排放一次。

6. 送气终止首先关闭总阀确认总阀已停止送气后，先关闭主蒸汽阀后关分蒸汽阀，过两分钟再打开主蒸汽阀，看总阀是否确实已经停止送气，等分汽缸压力表读数在少于 0.1MPa 时切断电源。

（二）钢筋加工设备操作工

现场使用的钢筋设备加工设备主要有钢筋调直切断机、钢筋切断机、钢筋弯曲机、电焊机等，现针对这些机械的操作要求分别介绍：

1. 钢筋调直切断机操作要求

（1）工作前必须检查各主要机件的连接螺栓是否紧固，转动部分的润滑是否良好，机械上不得有其他物件和工具。安全护板和防护等装置，必须安装齐全和牢固。

（2）调直机安装必须平稳，承料架、料槽应安装平直，并应对准调直导向筒、调直筒和下切刀孔的中心线。电机必须设接零和漏电保护装置。

（3）工作前应空转试车，检查传动机构和工作装置，调整间隙，紧固螺栓，确认正常，在油位加足油；待运转正常后，方可开始工作。

（4）运转如发现传动部分有不正常的情况和异响，或者轴承的温度超过60℃，应立即停车检查。

（5）应按调直钢筋的直径，选用适当的调直块及传动速度，在调直块未固定、防护罩未盖好之前不得送料。作业中严禁打开各部位防护罩并调整间隙。

（6）送料前，应将不直的钢筋端头切除。导向筒前应安装一根 1m 长的钢管，钢筋应穿过钢管再送入调直前端的导孔内，当钢筋送入后，手与拽轮应保持一定的距离，不得接近。

（7）经过调直后的钢筋如果仍慢弯，可逐渐加大调直块的偏移量，直到调直为止。

（8）切断 3～4 根钢筋后，应停机检查其长度，当超过允许偏差时，应调整限位开关或定尺板。

（9）圆盘钢筋放入圈架上要平稳，乱丝或钢筋脱架时，必须停机处理。盘条架安装在离机器 5～8m 的地方，并提高到与导向相应的高度。

（10）调整行程开关凸轮位置，使凸轮在承受架中心，并前后活动自如。如凸轮被卡住将发生钢筋连切现象。进行调直工作时，不许无关人员站在机械附近，特别是当料盘上钢筋快完时，要严防钢筋端头打人。

2. 钢筋切断机操作要求

（1）设备安装要坚实可靠，牢固稳定且保持水平位置，应有接地保护。

（2）室外作业应设棚，机旁四周应有足够的原材料及半成品堆放区，加工较长钢筋时，应有专人帮扶钢筋，并与操作者听从指挥，协调一致，不得任意拖动。不得赤手清除铁屑末、断口等杂物；钢筋摆动周围和切刀周围等工作区内，不得停留非操作人员。

（3）启动前，应检查并确认切刀无裂纹，安装位置正确，刀架螺栓紧固，泵油润滑，防护罩牢靠，固定刀与活动刀水平间隙以0.5～1mm为宜。

（4）检查皮带轮防护罩是否齐全、牢靠。然后用手转动皮带轮，检查齿轮啮合间隙，调整切刀间隙。

（5）不得剪切直径及强度超过机械铭牌规定的钢筋、烧红的钢筋及超硬度材料；不得一次切断多根钢筋；一次切断多根钢筋时，其换算总截面面积应在规定范围内。

（6）机械未到达正常转速时，不得切料；确认运转正常后，方能投入正式切料，当发现机械运转不正常、有异常响声或切刀歪斜、松动、运转不正常或崩裂等现象时，应立即切断电源，停机检修。

（7）发现机械运转不正常，有异响，刀片歪斜松动或崩裂等现象时，应立即断电停机检查检修；已切断的半成品钢筋要堆码整齐，防止个别钢筋的新切口突出划伤皮肤。

（8）工作完后，应拉闸断电，锁好开关箱，用钢刷清除切刀间、旁的杂物和切下的钢筋料头，并将工作地点清扫干净，擦净机械和加注润滑油脂。

3. 钢筋弯曲机操作要求

（1）使用前应作全面检查，确保有良好的接地保护，并进行空载试运转，无关人员禁止进入工作区域，以免扳动钢筋时碰伤。

（2）应按加工钢筋的直径和弯曲半径的要求，装好相应规格的芯轴和成型轴、挡铁轴和各种工具。芯轴直径应为钢筋直径的2.5倍。挡铁轴应有轴套。

（3）操作时应将钢筋一头插在旋盘固定销子的空隙内，另一端紧靠机身固定销子，并以手压紧。但必须在确认机身销子安放在挡住钢筋的一侧时，方可开动工作。

（4）严禁弯曲超过规定直径、根数及机械速度的钢筋，在弯曲未经冷拉或带有锈皮的钢筋时，必须戴好防护镜。弯曲低合金钢或非普通钢筋时，应按机械规定换算出最大允许直径，并调换相应的芯轴。

（5）弯曲较多、较长的钢筋时，应设置架子支持，并有专人帮扶钢筋，帮扶者根据操作人员指挥手势协调进退钢筋，不准随意推拉，在弯曲钢筋的作业半径内和机身不设固定销的一侧严禁站人。

（6）对超过机械铭牌规定直径的钢筋严禁进行弯曲，必须弯曲时要换算最大限制直径并调换相应的芯轴。在弯曲未经冷却或带有锈皮的钢筋时，应戴防护镜。调头弯曲需防止碰撞人和物，更换插头、加油和清理，工作转盘换向时，必须在前一种转向停止后，方允许打转。

(7) 作业后，应及时清除工作场地、机身、转盘及插入座孔内的铁锈、杂物等，坑缝中积锈使用鼓风器吹掉，禁止用指抠挖。

(8) 作业后，应关掉电源，锁好电闸箱。弯曲好的半成品，应堆放整齐，弯钩不得朝上，以防伤人。

4. 电焊机操作要求

(1) 电焊机应放在通风、干燥处，放置平稳，检查焊接面罩应无漏光、破损。焊接人员和辅助人员均应穿戴好规定的劳保防护用品，并设置挡光屏隔离焊件发出的辐射热。

(2) 电焊机、焊钳、电源线以及各接头部位要联结可靠，绝缘良好，不允许接线处发生过热现象，电源接线端头不得外露，应用绝缘布包扎好。

(3) 电焊机与焊钳间导线长度不得超过 30m，如特殊需要时，也不得超过 50m 长。导线有受潮、断股现象应立即更换。

(4) 应根据工件技术条件，选用合理的焊接工艺（焊条、焊接电流和暂载率)，不允许超负载使用，并应尽量采用无载停电装置。不准采用大电流施焊，不准用电焊机进行金属切割作业。

(5) 电焊机工作场地应保持干燥、通风良好。移动电焊机时，应切断电源，不得用拖拉电缆的方法移动焊机，如焊接中突然停电，应切断电源。

(6) 在焊接中，不准调节电流，必须在停焊时，使用手柄调节焊机电流，不得过快过猛，以避免损坏调节器；数台直流电焊机在同一场地作业时，应逐台起动，并使三相载荷平衡。

(7) 必须在潮湿处施焊时，焊工应站在绝缘木板上，不准用手触摸焊机导线，不准用臂夹持带电焊钳，以免触电；雷雨时应停止露天焊接作业。

(8) 完成焊接作业后，应立即切断电源，关闭焊机开关，分别清理归整好焊钳电源和地线，以免合闸时造成短路。

(9) 清除焊缝渣时，要戴上眼镜，注意头部应避开敲击焊渣飞溅方向，以免刺伤眼睛，不能对着在场人员敲打焊渣。

(10) 工作结束，应切断焊机电源，并检查操作地点，确认无起火危险后，方可离开；每月检查一次电焊机是否接地良好。

(三) 混凝土生产设备操作工

装配式结构的绝大部分构件的生产都是在工厂内进行，其中混凝土生产是构件生产中非常重要的一个环节，自动化程度很高。产业化工厂内一般都建有相应的混凝土生产设备，操作要求如下：

1. 混凝土厂内搅拌站操作规程

(1) 混凝土搅拌站必须由熟悉搅拌站结构、性能，熟悉混凝土的拌合工艺，经严格考试并取得“操作证”的人员进行操作。操作者必须熟悉搅拌站的操作规程及维修保养规程。

(2) 在搅拌站使用前，必须按要求将搅拌站的配套设备、移动式胶带运输机、装载机、水泥筒仓等配齐。这些设备可与搅拌站外部电源箱接通，通过搅拌站料斗中电动式料位指示器所发信号进行自动控制。

(3) 搅拌站必须按规定的操作程序进行操作，因而要熟记程序控制箱操纵板上的每一个按钮、旋钮、指示灯作用及其位置，弄清操作程序。

(4) 接通钥匙开关后，必须待显示屏数字点亮，方可启动各电动机。空气压缩机启动后，必须待气压升至 0.4MPa 以上，方可进行计量、放出等程序的操作。

(5) 进行手动或自动计量时，若发现显示数字不跳动或读数盘上指针不转动，说明砂称量受阻，此时应按“振动器”按钮，使振动器断续工作。

(6) 进行自动计量时，若发现实际计量值与设定值不符，可通过“落差补偿”旋钮进行补偿。进行自动放出时，应注意数字屏数字的变化，砂石累计值与水泥值应逐渐下降至“0”，附加剂值应上升至规定值。

(7) 进行手动放出时，按下某材料手动放出按钮，待此料放完后，才可松开按钮，并观察材料是否放完。进行手动放出，在操作熟练时，可以同时按“骨料手动放出”“水泥手动放出”“水手动计量”“外加剂手动计量”等四个按钮，使之同时放出，以提高效率。

(8) 搅拌站内混凝土放完，关闭出料门后，一定要待“搅拌机空”指示灯亮，“搅拌机门开”指示灯熄，方可进行下一次操作。

(9) 搅拌站在工作中，应随时注意其电流值，一般应在 20～45A 之间。应经常检查主要开关、旋钮、按钮及指示灯的正常性和可靠性。各时间继电器的整定时间，均已出厂调好，不要随意变动。

(10) 搅拌站不能在满载情况下启动。在搅拌过程中，严禁中途停机。停机前，必须先将搅拌罐内混凝土全部卸完，并加水清洗。工作完后，应彻底清理搅拌筒内外积灰、出料门及出料斗积灰，并用水洗干净。冰冻季节，应放尽水泵、外加剂泵、水箱及外加剂箱内存水，并启动水泵和外加剂泵运转 1～2 分钟。工作完后，切断电源，认真填写有关记录。

2. 混凝土振动台操作规程

(1) 混凝土振动台使用前需试车，先开车空载 3～5 分钟，停车拧紧全部紧固零件，反复2～3次，才能正式投入运转使用。

（2）混凝土振动台在生产使用中，混凝土试件的试模必须牢固地紧固在工作台上，试模的放置必须与台面的中心线相对称，使负载平衡。

（3）振动电机应有良好的可靠的地线。

（4）振动台在生产过程中如发现噪音不正常，应立即停止使用，拔去电源全面检查紧固零件是否松动，必要时要检查振动电机内偏心块是否松动或零件是否损坏，拧紧松动零件，调换损坏零件。

（5）使用完毕后，关掉电源，将振动台面清洗干净。

第四章 现场管理

施工现场管理是工程项目管理的核心，也是确保建筑工程质量和安全文明施工的关键。而装配整体式混凝土结构工程的施工现场分为工厂预制和现场安装两个部分，对这两部分的现场管理应该分别给予重视，根据不同的环境要求制定相应的管理措施。对施工现场实施科学的管理，是树立企业形象提高企业声誉，获取经济效益和社会效益的根本途径。

第一节 预制车间生产管理

预制车间的管理是装配整体式混凝土结构工程生产管理的核心。因为装配整体式混凝土结构工程的质量控制前移，建筑质量的高低主要取决于预制工厂的构件质量。所以加强车间的现场控制是装配整体式混凝土结构工程的首要任务。

一、定置管理

1. 安置摆放构件，按区域按类放置，合理使用工位器具。

2. 及时运转、勤检查、勤转序、勤清理，标志变化应立即转序，不拖不积，稳吊轻放，保证产品外观完好。

3. 做到单物相符，传递记录与构件数量相符，手续齐全。

4. 加强不合格品管理，有记录，标识明显，处理及时。

5. 安全通道内不得摆放任何物品，不得阻碍人、物安全通行。

6. 消防器材定置摆放，不得随意挪作他用，保持清洁卫生，周围不得有障碍物。

二、安全生产

1. 严格执行各项安全操作规程。

2. 经常开展安全活动，不定期进行认真整改、清除隐患。

4. 按规定穿戴好劳保用品，认真执行安全生产。

5. 特殊工种作业应持特殊作业操作证上岗。

6. 做好交接班记录，班后认真检查，清理现场，关好门窗，对重要材料要严加管理以免丢失。

7. 加强事故管理，坚持对重大未遂事故不放过，要有事故原始记录及时处理报告，记录要准确，上报要及时。

8. 非本工种人员或非本机人员不准操作设备。

9. 重点设备，要专人管理、卫生清洁、严禁损坏。

10. 消防器材要确保灵敏可靠，定期检查更换（器材、药品），有效期限标志明显。

11. 发生事故按有关规定及程序及时上报。

三、文明生产

1. 车间清洁整齐，各图表美观大方，填写及时，准确清晰，原始记录、台账齐全、完整，按规定填写。

2. 应准确填写交接班记录，交接内容包括设备、工装、工具、卫生、安全等。

3. 室内外经常保持清洁，不准堆放垃圾。

4. 生产区域严禁吸烟。

5. 车间地面不得有积水、积油。

6. 车间内管路线路设置合理、安装整齐，严禁跑、冒、滴、漏。

7. 车间内工位器具、设备附件、工作台、工具箱、零件柜、产品架各种搬运小车等均应指定摆放，做到清洁有序。

8. 车间合理照明，严禁长明灯，长流水。

9. 坚持现场管理文明生产、文明运转、文明操作，根治磕碰、划伤、锈蚀等现象，每天下班要做到工件不按规定放好不走，工具不清点摆放好不走，原始记录不记好不走，工作场地不打扫干净不走。

四、消防管理

1. 生产车间的消防安全责任人为各车间科长，负责生产线消防工作的督促检查和组织开展消防安全教育。

2. 车间内要保持环境清洁，各种物料码放整齐并远离热源，注意室内通风。

3. 保证车间内防火通道的畅通，出口、走道处严禁摆放任何物品。

4. 车间内不得私接乱拉电源、电线，如临时需要，需报安全生产小组批准，由专业人员办理，用后及时拆除。

5. 使用各种设备必须严格遵守操作规程，严禁违章作业。

6. 各机械设备运行期间，要加强巡视，发现异常及时处理。

7. 避免各种电气设备、线路受潮和过载运行，防止发生短路，酿成事故。

8. 车间内禁止使用明火，如确实需要，须填写《动火申请》，征得安全生产小组同意，在采取有效安全措施后，方可使用。使用期间须由专人负责，使用后保证处理妥当无隐患。

9. 车间内消防器材及设施必须由专人负责，定点放置，定期检查并填写点检表，保证完好，随时可用。

10. 当日工作结束前，应检查车间内所有阀门、开关、电源是否断开，确认安全无误后方可离开。

11. 发现火灾险情按《消防应急预案》操作，在确保安全的情况下，由义务消防队及时、有效地扑救，并立即报警同时向公司报告。

第二节　施工现场生产管理

装配整体式混凝土结构工程的施工现场露天高空作业多，多工种联合作业，是事故隐患多发地段，加强施工现场管理的主要目的是有效降低事故发生率，加强工程操作的系统性推行。另外，在施工现场改善人、物、场所的结合状态，能提高施工现场人员和现场场地的使用效率，为施工企业节支增收。

一、建筑施工安全管理

安全生产直接关系到每位职工的生命安全和身心健康，关系着企业的兴旺和发达。为了保障施工现场安全生产的顺利进行，安全生产管理应满足如下要求：

1. 建立安全生产管理领导小组，建立健全安全生产管理责任制，形成网络管理。

2. 认真搞好新工人入场教育和操作、换岗及特殊工种培训和教育，凡未经入场教育考核登记注册不得进入施工现场作业。

3. 进入施工现场必须佩戴合格的安全帽，严禁穿拖鞋或赤脚进入施工现场，施工现场严禁吸烟，现场明火作业必须持有用火证。

4. 进入施工现场要服从领导和安全检查人员的指挥。必须遵守劳动纪律，严格按操作规程操作，并制止他人违章作业。

5. 施工现场严禁酒后上岗，高空作业需系好安全带，严禁攀登起重臂、绳索、脚手架、井架、龙门架和运料的吊笼和吊篮及吊装物上下。

6. 作业中严格执行安全技术交底、分部分项工程，施工现场临边的交通路段必须有安全可靠的防护措施。

7. 特种作业人员必须持证上岗，持证上岗率达到100%，严禁触摸非本人操作的设备、电闸、闸门、开关等，拒绝违章作业。

8. 现场使用机械、临电要有设计方案，技术交底要详细，验收手续要齐全，重要设备设专人管理，维修设备必须拉闸、断电。

9. 大型机械、塔吊、电梯安装要有设计和详细交底，司机、信号工必须持证上岗，严禁违章作业，要服从信号工的统一指挥。

10. 施工现场的一切设备、安全设施严禁他人随意拆除和移动，拆除和移动安全设施、设备造成事故，视情节给予罚款处理，严重者追究刑事责任。

二、施工现场消防管理

为了加强施工现场消防保卫工作，预防火灾和各类案件的发生，保证集体财产及职工生命安全，贯彻执行好《中华人民共和国消防法》和《中华人民共和国治安管理处罚条例》，把消防保卫工作落到实处，保证施工任务的全面完成，应遵守如下施工现场消防保卫管理制度：

1. 施工现场建立健全消防、保卫组织结构，义务消防队及应急组织和各岗位、各部位、各工种防火治安岗位责任制。

2. 现场设警卫室，配备足够的护场巡逻警卫力量，并做好值班记录。

3. 施工现场严禁吸烟，吸烟请到吸烟处，任何人未经批准不得私自动用明火，现场有明显的消防标志，电气焊工持证上岗，持有用火审批手续，有灭火设施和看火人员。

4. 工地的易燃易爆及剧毒物品严禁领退手续，油漆、稀料等按规定分开存放，并有专人负责管理。

5. 重点部位严禁烟火，木工房（棚）内禁止吸烟及明火作业，内存木料最多不得超过三日的使用量，操作地点的易燃废品（碎木料、刨花、锯末等），当日清到指定的安全地点。

6. 施工现场配足灭火器及设施，专人保管，定期维修保养，保持灵敏有效(高层以上标准设消防竖管)。严禁擅自挪用消防器材、设施，确保道路畅通无阻。

7. 施工现场严禁酗酒滋事，打架斗殴，男女混居，看黄嫖赌，盗窃公私财物等不良行为。

8. 在生活区暂处证需要办理审批手续，未经批准任何人不得私自住宿或做临设，严禁使用电炉、大灯泡等电热器具和乱拉接电线等违章用点行为。

9. 外包施工队伍（新进场班组或未成建制的）及外来人员入场，需进行认真审查登记，注册后办理暂住等进场手续，严禁雇佣童工（五种人）等非法用工，经消防教育考核合格后上岗。

10. 以上如有违法，根据治安管理处罚条例和项目《施工现场消防保卫管理实施细则》《施工现场奖罚条例》《生活区管理制度》有关条款处理。

11. 报警电话：火警119 匪警110 交警122 急救120。

三、施工现场文明施工

为了认真贯彻落实国家《环境保护法》，做好现场的环境保护工作，特制定施工现场环境保护管理制度如下：

1. 执行国家有关环境保护的法规和标准，建立环境保护自我保证体系。

2. 高层或多层建筑在清理施工垃圾时，必须搭设封闭或临时专用垃圾道或采用容器吊运，严禁凌空抛撒。

3. 水泥和其他易飞物的细颗粒散体材料应安排在库内存放或严密遮盖，不得露天随意堆放，运输时防止遗撒飞扬。

4. 指定洒水降尘制度，在规划市区、居民稠密区、疗养区和易产生扬尘的季节，要采取洒水降尘措施，拆除旧有建筑时，应洒水降尘，减少扬尘污染。

5. 搅拌设备上，应安装喷雾降尘设备，降尘装置如损坏，应及时修复。

6. 进行现场搅拌作业的，必须在搅拌机前台及运输车清洗处设置沉淀池并及时清理，废水经沉淀后方可排入市政污水管线。污水严禁流出施工区域。

7. 施工中易产生强噪声的施工机械应做封闭式遮挡，安装消声设施和限制作业时间降低噪音污染。

8. 晚22：00至早6：00禁止进行超过国家噪声限值的作业。

9. 严格控制人为噪声，夜间卸料要轻拿轻放严禁大声喧哗。

10. 现场存放的油料必须对库房进行防渗漏处理，储存和使用都要采用措施。防止油料跑、冒、滴、漏污染水体。

四、施工现场安全用电管理

为了加强施工现场安全用电管理工作，保证施工现场用电的安全，保证施工任务的全面完成，制定如下施工现场安全用电管理制度：

1. 建立临时用电施工组织设计和安全用电技术措施的编制、审批制度，并建立相应的技术档案。

2. 建立技术交底制度。向专业电工、各类用电人员介绍临时用电施工组织设计和安全用电技术措施的技术内容和注意事项，并应在技术交底文字资料上履行交底签字手续。

3. 建立安全检测制度。定期对临时用电工程进行检测，主要内容是：接地电阻、电气设备绝缘电阻值、漏电保护器动作参数等，以监视临时用电工程是否安全可靠，并做好检测记录。

4. 建立电器维修制度。加强日常和定期维修工作，及时发现和消除隐患，并做好维修工作记录，记载维修时间、地点、设备、内容、技术措施、处理结果、维修人员、验收人员等。

5. 建立工程竣工工程临电拆除制度。建筑工程竣工后，临时用电工程的拆除应有统一的组织和指挥，并须规定拆除时间、人员、程序、方法、注意事项和防护措施等。

6. 建立安全检查和评估制度。项目部应按照（JGJ59—99）《建筑施工安全检查评分标准》定期对现场用电安全情况进行检查评估。

7. 健全安全用电责任制。对临时用电工程各部位的操作、监护及维修分片、分块、分机落实到人，并辅以必要的奖惩措施。

8. 建立安全教育和培训制度。定期对专业电工和各类用电人员进行用电安全教育和培训，凡上岗人员必须持有效的上岗证，严禁无证上岗。

五、职业危害防治管理

为了加强对施工过程中的职业危害因素的防治管理，预防、控制和消除职业危害病的发生，保护劳动者的健康及其相关权益，根据《中华人民共和国职业病防治法》及相关的规定，特制定本管理办法：

1. 根据建筑行业的野外露天作业特点及新工艺、新材料的施工方法，归纳有以下各种职业危害的类型：

（1）粉尘危害：矽尘、石棉尘、水泥尘、木屑尘及其他粉尘；

（2）毒物危害：铅尘烟、苯、高分子化合物、铝尘烟，铬氯化合物、氨、汞及化合物，二氧化硫、氮氧化合物、一氧化碳；

（3）放射线危害：建筑施工中常用X射线和γ射线进行质量探伤、焊缝质量检查等；

（4）噪声危害：机械性噪声、空气动力性噪声、电磁性噪声、爆炸性噪声；

（5）振动危害：振动器、打桩机、风钻、风铲等；

（6）辐射危害：弧光电焊、强照紫外线照射、红外线、可见光线等。

2. 建筑施工现场预防职业病的技术措施

（1）水泥防尘技术措施

① 移动搅拌机除尘，采用通风除尘系统，在拌筒出料口安装活动胶皮护罩，

在拌筒上方安装吸尘罩。

② 水泥制品厂搅拌站除尘，在进料仓上方安装水泥、沙料粉尘除尘器。

③ 高压静电除尘，在水泥料斗上方安装吸尘罩，吸取悬浮在空气中的尘粒，通过静电处理。

（2）防毒技术措施

防止铅毒的技术措施：根据国家标准规定空气中铅的最高允许浓度为：铅烟 $0.03mg/m^3$，铅尘 $0.05mg/m^3$。凡超过均应采取防护技术措施。

① 充电的防毒措施：采用抽风机或鼓风机将铅尘、铅烟、铅蒸气抽至室外，进行充电静化处理后，向空中排放，也可设置水池进行净化，蓄积处理铅尘。

② 消除铅源，以无毒、低毒的物料代替铅丹，是消除铅危害的根本措施，采用塑料管代替铅管，利用JQ—1型常温无渣磷化液代替防锈漆（红丹漆）。

防止锰毒的技术措施：国家标准规定空气中锰的最高允许浓度为 $0.02mg/m^3$，凡超标者，均应采取防护措施。

（1）集中的焊接物所或室内焊接物所，应采取机械抽风系统，即在每个焊接作业点上方设置吸烟尘罩，将锰烟吸入管道，经过滤净化后再排放。

（2）分散焊接点，设置移动式锰烟除尘器，随时将吸尘罩设在焊接作业人员上方及对面，吸走焊接时锰烟尘。

（3）现场焊接作业场狭小、流动频繁，每次焊接作业时间短，难于装置排毒设备，应选择上风方向进行操作。

（4）在气柜、球罐、搅拌筒内等密闭场所内焊接，极易发生锰急性中毒，应采用临时监护抽风措施，降低锰烟尘浓度，尽量减少作业人员与锰尘的接触时间。

（5）加强个人防护措施。一般除使用口罩等常用防护用品外，如遇通风不易解决的场所，应采用通风焊帽等特殊防护用品。

（6）改革工艺和改进焊接材料，采用无毒或少毒材料制造焊接材料。

弧光辐射的防护：为了保护作业人员的眼睛不受电弧的伤害，焊接时，必须使用镶有特制防护眼镜片的面罩，根据焊接电流强度和个人眼睛情况，选择吸水式滤光镜片或反射式防护镜片。

为了防止弧光灼伤皮肤，焊工应穿好工作服，戴好手套和鞋盖等，工作服要求平整，由反射系数大的纺织品制作。决不允许卷起袖口，着短袖衣及敞开衣领等进行电弧焊操作。

防苯毒的措施：国家标准规定空气中苯的最高允许浓度为：苯 $40mg/m^3$ 以下，甲苯 $100mg/m^3$ 以下。

（1）喷漆工艺可采用密闭喷漆间，作业人员在喷漆间外操纵微机控制，避免人体直接接触苯毒。

（2）在通风不良的地下室，消防水池内涂刷各种防腐涂料或环氧树脂防水材料等作业，必须根据场地情况，采取多台抽风机把苯毒气排出室外，以防止急性苯中毒。

（3）在施工现场油漆配料房，应改善自然通风条件，减少连续配料时间，防止发生苯中毒和铅中毒事故。

（4）凡在通风不良的场所或容器内涂刷冷沥青时，必须采用机械通风，送氧及抽风措施，不断稀释空气中的毒物浓度，不得只送风不抽风，以防造成因毒气"满溢"而无法排出中毒。

3. 防止职业危害的综合措施

（1）根据危害的种类、性质、环境条件等，有针对性地发给作业人员有效的防护用品、用具，也是防止或减少职业危害的必要措施。如配合电焊作业的辅助人员，必须佩戴有色护眼镜，防止电光性眼炎；在噪声环境下作业人员必须佩戴护耳塞（器）；从事有粉尘作业的人员戴纱布口罩，如达不到滤尘目的，必须佩戴过滤式防尘口罩；从事苯、高锰作业人员，必须佩戴供氧式或送风式防毒面具；从事有机溶剂、腐蚀剂和其他损坏皮肤的作业人员，应使用橡皮或塑料专用手套，不能用粉尘过滤器代替防毒过滤器，因为有机溶剂蒸气，可以直接通过粉尘过滤器。

（2）对于从事粉尘、有毒作业人员，应在工地设置淋浴设施，工人下班必须淋浴后，才能换上自己的服装，以防止工人把头发和衣服上的粉尘、毒物、辐射物带回家中，危害家人健康。还应将有危害作业人员的防护服，每天集中洗涤干净，使每次从事有害作业前均穿上干净的防护用品。

（3）严禁工人在有害作业场所内吸烟、吃食物，饭前班后必须先洗手，漱口，严防有害物随着食物进入体内。要加强卫生宣传教育，做到在有害作业场所每天搞好场内清洁卫生。

（4）定期对有害作业职工进行体检，发现有不适宜某种有害作业的疾病患者，应及时调换工作岗位。

① 患有各种血液病、继发性贫血（血红蛋白在60%以下），肝脏病、胃病及十二指肠溃疡、心血管疾病、活动性肺结核、神经精神系统疾病的，不宜从事铅、四乙铅作业。

② 患有各种神经精神病、肝胆病、肾脏病、呼吸系统疾病、植物神经功能明显紊乱的疾病的，不宜从事锰作业。

③ 患有各种血液病、严重神经官能症、肝脾脏疾病的及未成年人不宜从事苯作业。孕妇和哺乳期妇女，应暂时调离苯作业。

④ 各种活动性肺结核、慢性上呼吸道或支气管疾病、严重心血管疾病、影响肺功能的胸膜、胸廓疾病患者，不宜从事粉尘作业。

⑤ 患有各种心血管器官性疾病的，不宜从事高温作业。

⑥ 患有各种听觉系统疾病的，不宜从事噪声作业。

第三节 建设工程安全生产法律法规基础

一、安全生产立法

（一）安全生产立法的含义

立法有两层含义：广义的立法泛指国家立法机关或其授权的其他机关按照立法程序制定、修改或者废止法律的活动。狭义的立法专指国家制定的现行法律、法规、法令、规章等规范性文件，与“法规”同义。如经济立法特指国家制定的有关经济管理方面的法规。

安全生产立法亦有两层含义：一是泛指国家立法机关和行政机关依照法定职权和法定程序制定、修订有关安全生产方面的法律、法规、规章的活动。二是专指国家制定的现行有效的安全生产法律、行政法规、地方性法规和部门规章、地方政府规章等安全生产规范性文件。安全生产立法在实践中通常特指后者。

（二）安全生产立法的意义

1. 安全生产诸法律、法规是人们的行为准则；

2. 安全生产的法制建设是实现安全生产工作长治久安的保证；

3. 安全生产的法律、法规是监察工作的依据；

4. 是保护人民群众生命和财产安全的需要；

5. 是预防和减少事故的需要；

6. 是制裁安全生产违法犯罪的需要。

（三）最早安全生产立法

人类最早的劳动安全立法，可追溯到13世纪德国政府颁布的《矿工保护法》，1802年英国政府制定的最初工厂法《保护学徒的身心健康法》。这些法规都是为劳动保护而设，制定了学徒的劳动时间，矿工的劳动保护，工厂的室温、照明、通风换气等工业卫生标准。针对世界范围的安全立法，人类进入20世纪才迈出了步伐，这就是1919年第一届国际劳工大会制定的有关工时、妇女、儿童劳动保护的一系列国际公约。

中国最早的劳动安全相关法规，要数1922年5月1日在广州召开的第一次劳动大会，提出了《劳动法大纲》，其主要内容是要求资本家合理地规定工时、工资及劳动保护等。英国、德国、美国等工业发达国家是劳动安全立法最早和最为完善的国度。除此，很多国家的安全立法一般起步于20世纪，包括日本这样的发达国家，1915年才正式实施《工厂法》，比英国晚了近百年。

二、建设工程安全生产法律

（一）安全生产法律体系及范畴

1. 目前我国安全生产法律体系（五个门类）

（1）宪法

（2）安全生产方面法律

① 基础法/基本法：如《中华人民共和国安全生产法》；

② 专门法：如《中华人民共和国矿山安全法》《中华人民共和国消防法》；

③ 相关法：如《中华人民共和国劳动法》《中华人民共和国建筑法》；

（3）安全生产行政法规

如《建设工程安全生产管理条例》；

（4）地方性安全生产法规

（5）部门安全生产规章、地方政府安全生产规章

（6）安全生产标准

① 设计规范；

② 安全生产设备、工具类；

③ 生产工艺安全卫生；

④ 防护用品。

（7）国际公约

2. 涉及安全生产的相关法律范畴

（1）综合

（2）矿山类

（3）危险物品

（4）建筑业

（5）交通运输

（6）公众聚集场所及消防

（7）其他

（8）国际劳工安全卫生标准

（二）主要法律、法规

1. 建设工程安全管理所依据的主要法律（“七大法律”）

《中华人民共和国安全生产法》《中华人民共和国建筑法》《中华人民共和国消防法》《中华人民共和国铁路法》《中华人民共和国港口法》《中华人民共和国公路法》《中华人民共和国行政处罚法》。

2. 建设工程安全管理所依据的主要行政法规（“五个条例”）

《生产安全事故报告和调查处理条例》《安全生产许可证条例》《建设工程安全生产管理条例》《特种设备安全监察条例》《民用爆炸物品安全管理条例》。

3. 建设工程安全管理所依据的部门规章

①“一百多个部门规章和规范性文件”：住房和城乡建设部、铁道部、交通运输部、水利部、安监总局、国资委、技术质量监督总局等部委和直属机构的部门规章和规范性文件均涉及建筑安全内容。

②“近千个地方法规和文件”。

三、《中华人民共和国建筑法》

以下简称《建筑法》。

1. 《建筑法》的颁布时间

《建筑法》于 1997 年 11 月 1 日发布，自 1998 年 3 月 1 日起施行。2011 年 4 月 22 日，对《建筑法》进行了修改，修改后自 2011 年 7 月 1 日起施行。

2. 《建筑法》的立法目的

《建筑法》的立法目的在于加强对建筑活动的监督管理，维护建筑市场秩序，保证建筑工程的质量和安全，促进建筑业健康发展。

3. 《建筑法》的立法目的约束范围

《建筑法》分别从建筑许可、建筑工程发包与承包、建筑工程管理、建筑安全生产管理、建筑工程质量管理等方面作出了约束。

4. 建筑安全生产管理方针的概念及其相关法律条文

（1）建筑安全生产管理方针的概念

建筑安全生产管理方针是指建设行政主管部门、建筑安全监督管理机构，建筑施工企业及有关单位对建筑生产过程中的安全工作，进行计划、组织、指挥、控制、监督等一系列的管理活动。

（2）建筑安全生产管理方针相关的法律条文

《建筑法》第 36 条规定：建筑工程安全生产管理必须坚持安全第一、预防为主的方针。

“安全第一”是安全生产方针的基础；“预防为主”是安全生产方针的核心和

具体体现，是实现安全生产的根本途径，生产必须安全，安全促进生产。

5. 建筑工程安全生产基本制度的分类及其相关概念

（1）建筑工程安全生产基本制度

建筑工程安全生产基本制度包括：安全生产责任制、群防群治制度、安全生产教育培训制度、伤亡事故处理报告制度、安全生产检查制度和安全责任追究制度。

（2）安全生产责任制度

安全生产责任制度是将企业各级负责人、各职能机构及其工作人员和各岗位作业人员在安全生产方面应做的工作及应负的责任加以明确规定的一种制度。

安全生产责任制度是建筑生产中最基本的安全管理制度，是所有安全规章制度的核心，是“安全第一、预防为主”方针的具体体现。

（3）群防群治制度

群防群治制度是职工群众进行预防和治理安全的一种制度。

群防群治制度也是“安全第一、预防为主”的具体体现，同时也是群众路线在安全工作中的具体体现，是企业进行民主管理的重要内容。

（4）安全生产教育培训制度

安全生产教育培训制度是对广大建筑干部职工进行安全教育培训，提高安全意识，增强安全知识和技能的制度。

《建筑法》46条规定，建筑施工企业应当建立健全劳动安全生产教育培训制度，加强对职工安全生产的教育培训；未经安全生产教育培训的人员，不得上岗作业。

（5）伤亡事故处理报告制度

伤亡事故处理报告制度是指施工中发生事故时，建筑企业应当采取紧急措施减少人员伤亡和事故损失，并按照国家有关规定及时向有关部门报告的制度。

事故处理必须遵循一定的程序，坚持“四不放过”原则，即事故原因分析不清不放过，事故责任者和群众没有受到教育不放过，事故隐患不整改不放过，事故的责任者没有受到处理不放过。

（6）安全生产检查制度

安全生产检查制度是上级管理部门或企业自身对安全生产状况进行定期或不定期。

安全检查制度是安全生产的保障。

（7）安全责任追究制度

建设单位、设计单位、施工单位、监理单位，由于没有履行职责造成人员伤亡和事故损失的，视情节给予相应处理；情节严重的，责令停业整顿，降低资质等级或吊销资质证书；构成犯罪的，依法追究刑事责任。

6. 建筑施工企业的安全生产责任的相关规定

经2011年4月第十一届全国人大会议通过的《中华人民共和国建筑法》(以下简称《建筑法》),仅对第48条作了修改,规定如下:建筑施工企业,应当依法为职工参加工伤保险、缴纳工伤保险费。

按照《建筑法》规定,鼓励企业为从事危险作业的职工办理意外伤害保险,支付保险费。

四、《中华人民共和国刑法》

以下简称《刑法》。

1. 主法简介

《中华人民共和国刑法》的任务,是用刑罚同一切犯罪行为作斗争,以保卫国家安全,保卫人民民主专政的政权和社会主义制度,保护国有财产和劳动群众集体所有的财产,保护公民私人所有的财产,保护公民的人身权利、民主权利和其他权利,维护社会秩序、经济秩序,保障社会主义建设事业的顺利进行。

2. 刑法的诞生与修正案——历史沿革

现行《刑法》是1997年3月14日第八届人大第五次会议表决通过,并从1997年10月日起施行的《刑法》。在1997年颁布新《刑法》后的18年间(1998—2016年)又进行了九次修正。

3. 《中华人民共和国刑法修正案(六)》解读

以下简称《刑法修正案(六)》。

2006年6月29日,十届全国人大常委会第二十二次会议审议通过了《刑法修正案(六)》,这是自1997年《刑法》修订以来,对《刑法》进行的一次最大规模的修改补充。

《刑法修正案(六)》共21条。除第21条是关于该修正案生效时间的规定外,其余各条都是关于《刑法》条文的修正。其中:

① 第1~4条是关于重大安全生产事故犯罪;

② 第5~9条是关于破坏公司管理秩序犯罪;

③ 第10~16条是关于破坏金融秩序犯罪;

④ 第17~20条是关于破坏社会管理秩序和仲裁秩序犯罪。

1) 修正背景

刑法第134条、第135条对重大安全生产事故犯罪作了规定。这些规定,对惩治重大安全生产事故犯罪发挥了重要作用。但随着情况的变化,上述规定已不能完全适应惩治重大安全事故犯罪的需要,主要表现在三个方面:

第一,犯罪主体范围较窄;

第二，法定刑配置尚待完善；

第三，增设大型群众活动安全事故犯罪。

2）对《刑法》原第一百三十四条的修改

(1)《刑法》原第一百三十四条规定："工厂、矿山、林场、建筑企业或者其他企业、事业单位的职工，由于不服管理、违反规章制度，或者强令工人违章冒险作业，因而发生重大伤亡事故或者造成其他严重后果的，处三年以下有期徒刑或者拘役；情节特别恶劣的，处三年以上七年以下有期徒刑。"

(2)《刑法修正案（六)》第一百三十四条的规定为：

"在生产、作业中违反有关安全管理的规定，因而发生重大伤亡事故或者造成其他严重后果的，处三年以下有期徒刑或者拘役；情节特别恶劣的，处三年以上七年以下有期徒刑。""强令他人违章冒险作业，因而发生重大伤亡事故或者造成其他严重后果的，处五年以下有期徒刑或者拘役；情节特别恶劣的，处五年以上有期徒刑。"

(3) 对《刑法》原第一百三十四条进行修改后，扩大了《刑法》第一百三十四条重大责任事故罪的犯罪主体，并提高了刑罚。

一是将该罪的犯罪主体从原来的企业、事业单位职工扩大到从事生产、作业的一切人员，把目前难以处理的对安全事故负有责任的个体、包工头和无证从事生产、作业的人员都包括在内了；

二是对"强令他人违章冒险作业，因而发生重大伤亡事故或者造成其他严重后果"的直接责任人员，最高刑从原来的七年有期徒刑提高到十五年。

3）对《刑法》原第一百三十五条的修改

(1)《刑法》原第一百三十五条规定："工厂、矿山、林场、建筑企业或者其他企业、事业单位的劳动安全设施不符合国家规定，经有关部门或者单位职工提出后，对事故隐患仍不采取措施，因而发生重大伤亡事故或者造成其他严重后果的，对直接责任人员，处三年以下有期徒刑或者拘役；情节特别恶劣的，处三年以上七年以下有期徒刑。"

(2)《刑法修正案（六)》第一百三十五条的规定为：

"安全生产设施或者安全生产条件不符合国家规定，因而发生重大伤亡事故或者造成其他严重后果的，对直接负责的主管人员和其他直接责任人员，处三年以下有期徒刑或者拘役；情节特别恶劣的，处三年以上七年以下有期徒刑。"

在《刑法》第一百三十五条后增加一条，作为第一百三十五条之一："举办大型群众性活动违反安全管理规定，因而发生重大伤亡事故或者造成其他严重后果的，对直接负责的主管人员和其他直接责任人员，处三年以下有期徒刑或者拘役；情节特别恶劣的，处三年以上七年以下有期徒刑。"

(3) 对《刑法》原第一百三十五条进行修改后，扩大了《刑法》第一百三十五条重大劳动安全事故罪的犯罪主体，并对犯罪构成的行为要件进行了修改。

① 将犯罪主体从原来的企业、事业单位扩大到所有从事生产、经营的自然人、法人及非法人实体。

② 将“不符合国家规定”的对象范围从“安全生产设施”扩大到“安全生产条件”。

③ 删去了“经有关部门或者单位职工提出后，对事故隐患仍不采取措施”的犯罪构成要件，为追究不重视安全生产设施和安全生产条件的投入和建设，以致发生重大伤亡事故的单位的直接负责的主管人员和其他直接责任人员的刑事责任，提供了法律依据。

④ 考虑到安全生产设施、安全生产条件不符合国家规定一般都是单位行为(个体经营户仍是个人负责)，将原条文中“直接责任人员”修改规定为“直接负责的主管人员和其他直接责任人员”，使应对重大伤亡事故负责的责任人员的范围更加明确。

4) 将举办大型群众性活动违反安全管理规定，发生重大安全事故的行为增加规定为犯罪

《刑法修正案（六）》第三条规定在《刑法》第一百三十五条后增加一条，作为第一百三十五条之一：“举办大型群众性活动违反安全管理规定，因而发生重大伤亡事故或者造成其他严重后果的，对直接负责的主管人员和其他直接责任人员，处三年以下有期徒刑或者拘役；情节特别恶劣的，处三年以上七年以下有期徒刑。”

5) 将发生重大安全事故不报、谎报行为增加规定为犯罪

《刑法修正案（六）》第四条规定在《刑法》第一百三十九条后增加一条，作为第一百三十九条之一：“在安全事故发生后，负有报告职责的人员不报或者谎报事故情况，贻误事故抢救，情节严重的，处三年以下有期徒刑或者拘役；情节特别严重的，处三年以上七年以下有期徒刑。”

五、《中华人民共和国安全生产法》

以下简称《安全生产法》。

1.《安全生产法》的颁布与实施时间

《安全生产法》由中华人民共和国第九届全国人民代表大会常务委员会第二十八次会议于 2002 年 6 月 29 日通过，自 2002 年 11 月 1 日起施行。修订版由中华人民共和国第十二届全国人民代表大会常务委员会第十次会议于 2014 年 8 月 31 日通过，自 2014 年 12 月 1 日起施行。

2.《安全生产法》的立法目的

《安全生产法》的立法目的，是为了加强安全生产监督管理，防止和减少生产安全事故，保障人民群众生命和财产安全，促进经济发展。

3. 生产经营单位的主要负责人、安全生产管理人员的职责

（1）生产经营单位主要负责人的职责

《安全生产法》第 17 条规定：生产经营单位的主要负责人对本单位安全生产工作负有下列职责：

A. 建立、健全本单位安全生产责任制；

B. 组织制定本单位安全生产规章制度和操作规程；

C. 保证本单位安全生产投入的有效实施；

D. 督促、检查本单位的安全生产工作，及时消除生产安全事故隐患；

E. 组织制定并实施本单位的生产安全事故应急救援预案；

F. 及时、如实报告生产安全事故。

（2）生产经营单位安全生产管理人员的职责

《安全生产法》第 38 条规定：生产经营单位的安全生产管理人员应当根据本单位的生产经营特点，对安全生产状况进行经常性检查；对检查中发现的安全问题，应当立即处理；不能处理的，应当及时报告本单位有关负责人。检查及处理情况应当记录在案。

4. 生产经营单位安全生产管理保障措施的详细规定

生产经营单位安全生产管理保障措施包括人力资源管理和物质资源管理两个方面。

人力资源管理由对主要负责人和安全生产管理人员的管理、对一般从业人员的管理和对特种作业人员的管理三方面构成。

物质资源管理由设备的日常管理，设备的淘汰制度，生产经营项目、场所、设备的转让管理，生产经营项目、场所的协调管理等四方面构成。

5. 生产经营单位安全生产经济保障措施的详细规定

生产经营单位安全生产经济保障措施包括以下四个方面：

A. 保证安全生产所必需的资金；

B. 保证安全设施所需要的资金；

C. 保证劳动防护用品、安全生产培训所需要的资金；

D. 保证工伤社会保险所需要的资金。

6. 生产经营单位安全生产技术保障措施的详细规定

生产经营单位安全生产技术保障措施包括以下八个方面：

A. 对新工艺、新技术、新材料或者使用新设备的管理；

B. 对安全条件论证和安全评价的管理；
C. 对废弃危险物品的管理；
D. 对重大危险源的管理；
E. 对员工宿舍的管理；
F. 对危险作业的管理；
G. 对安全生产操作规程的管理；
H. 对施工现场的管理。

7. 生产经营单位的从业人员依法享有的权利和依法须履行的义务

(1) 生产经营单位从业人员依法享有的权利：
① 知情权；
② 批评权和检举、控告权；
③ 拒绝权；
④ 紧急避险权；
⑤ 请求赔偿权；
⑥ 获得劳动防护用品的权利；
⑦ 获得安全生产教育和培训的权利。

(2) 生产经营单位从业人员依法履行的义务：
① 自律遵规的义务；
② 自觉学习安全生产知识的义务；
③ 危险报告义务。

六、《生产安全事故报告和调查处理条例》

2007 年 3 月 28 日国务院第 172 次常务会议通过，国务院总理于 2007 年 4 月 9 日签署第 493 号国务院令予以公布，自 2007 年 6 月 1 日起施行。

1. 出台背景

国务院 1989 年公布施行的《特别重大事故调查程序暂行规定》和 1991 年公布施行的《企业职工伤亡事故报告和调查处理规定》对规范事故报告和调查处理发挥了重要作用。但是，随着社会主义市场经济的发展，安全生产领域出现了一些新情况、新问题。

2. 主要内容

《生产安全事故报告和调查处理条例》：

① 突出了“四不放过”的原则，规定了对事故发生单位最高可处 200 万元以上 500 万元以下的罚款；

② 将事故划分为特别重大事故、重大事故、较大事故和一般事故 4 个等级；

③ 按照“政府统一领导、分级负责”的原则规定了不同等级事故组织事故调查的责任。

1）“四不放过”

2）事故分类

根据国务院2005年1月26日印发的《国家突发公共事件总体应急预案》的规定，按照事故造成的伤亡人数或者直接经济损失，条例将事故划分为特别重大事故、重大事故、较大事故和一般事故4个等级。其中，事故造成的急性工业中毒的人数，也属于重伤的范围。

第三条 根据生产安全事故（以下简称事故）造成的人员伤亡或者直接经济损失，事故一般分为以下等级。

（1）特别重大事故：是指造成30人以上死亡，或者100人以上重伤（包括急性工业中毒，下同），或者1亿元以上直接经济损失的事故；

（2）重大事故：是指造成10人以上30人以下死亡，或者50人以上100人以下重伤，或者5000万元以上1亿元以下直接经济损失的事故；

（3）较大事故：是指造成3人以上10人以下死亡，或者10人以上50人以下重伤，或者1000万元以上5000万元以下直接经济损失的事故；

（4）一般事故：是指造成3人以下死亡，或者10人以下重伤，或者1000万元以下直接经济损失的事故。

① 国务院安全生产监督管理部门可以会同国务院有关部门，制定事故等级划分的补充性规定。

② 本条第一款所称的“以上”包括本数，所称的“以下”不包括本数。

3.《工程建设重大事故报告和调查程序规定》废止

第三条 重大事故分为四个等级：

1）具备下列条件之一者为一级重大事故：

（1）死亡30人以上；

（2）直接经济损失300万元以上。

2）具备下列条件之一者为二级重大事故：

（1）死亡10人以上，29人以下；

（2）直接经济损失100万元以下，不满300万元。

3）具备下列条件之一者为三级重大事故：

（1）死亡3人以上，9人以下；

（2）重伤20人以上；

（3）直接经济损失30万元以上，不满100万元。

4）具备下列条件之一者为四级重大事故：

（1）死亡2人以下；

（2）重伤3人以上，19人以下；

（3）直接经济损失10万元以上，不满30万元。

4. 事故报告

1）事故发生后，事故现场有关人员应当立即向本单位负责人报告；单位负责人接到报告后，应当于1小时内向事故发生地县级以上人民政府安全生产监督管理部门和负有安全生产监督管理职责的有关部门报告。情况紧急时，事故现场有关人员可以直接向事故发生地县级以上人民政府安全生产监督管理部门和负有安全生产监督管理职责的有关部门报告。

2）安全生产监督管理部门和负有安全生产监督管理职责的有关部门接到事故报告后，应当上报事故情况，并通知公安机关、劳动保障行政部门、工会和人民检察院，同时报告本级人民政府。国务院安全生产监督管理部门和负有安全生产监督管理职责的有关部门以及省级人民政府接到发生特别重大事故、重大事故的报告后，应当立即报告国务院。

3）安全生产监督管理部门和负有安全生产监督管理职责的有关部门逐级上报事故情况，每级上报的时间不得超过2小时。

4）针对迟报、漏报甚至谎报、瞒报事故问题的处理

一是，进一步落实事故报告责任；

二是，明确事故报告的程序和时限；

三是，规范事故报告的内容；

四是，建立值班制度。

5. 事故调查

1）特别重大事故由国务院或者国务院授权有关部门组织事故调查组进行调查。重大事故、较大事故、一般事故分别由事故发生地省级人民政府、设区的市级人民政府、县级人民政府负责调查。省级人民政府、设区的市级人民政府、县级人民政府可以直接组织事故调查组进行调查，也可以授权或者委托有关部门组织事故调查组进行调查。未造成人员伤亡的一般事故，县级人民政府也可以委托事故发生单位组织事故调查组进行调查。

2）上级人民政府认为必要时，可以调查由下级人民政府负责调查的事故。自事故发生之日起30日内（道路交通事故、火灾事故自发生之日起7日内），因事故伤亡人数变化导致事故等级发生变化，依照本条例规定应当由上级人民政府负责调查的，上级人民政府可以另行组织事故调查组进行调查。

3）特别重大事故以下等级事故，事故发生地与事故发生单位不在同一个县级以上行政区域的，由事故发生地人民政府负责调查，事故发生单位所在地人民

政府应当派人参加。

按照“政府统一领导、分级负责”的原则，条例对不同等级事故组织事故调查的责任分别作了规定。

同时，考虑到火灾、道路交通、水上交通等行业或者领域的事故调查处理已有专门法律、行政法规，条例规定：特别重大事故以下等级事故的报告和调查处理，有关法律、行政法规、国务院另有规定的，依照其规定。

6. 事故处理

1）重大事故、较大事故、一般事故，负责事故调查的人民政府应当自收到事故调查报告之日起 15 日内做出批复；特别重大事故，30 日内做出批复，特殊情况下，批复时间可以适当延长，但延长的时间最长不超过 30 日。

2）事故发生单位应当认真吸取事故教训，落实防范和整改措施，防止事故再次发生。防范和整改措施的落实情况应当接受工会和职工的监督。安全生产监督管理部门和负有安全生产监督管理职责的有关部门应当对事故发生单位落实防范和整改措施的情况进行监督检查。

3）事故处理的情况由负责事故调查的人民政府或者其授权的有关部门、机构向社会公布，依法应当保密的除外。

事故处理是落实“四不放过”要求的核心环节。为保证及时、严肃地进行事故处理，条例从四个方面作了规定：

一是，明确了事故调查报告的批复主体和批复的期限。

二是，对落实事故责任追究作了规定。

三是，明确了防范和整改措施的落实及其监督检查。

四是，确立了事故处理情况的公布制度。

7. 违反《生产安全事故报告和调查处理条例》的相关法律责任

1）事故发生单位主要负责人的法律责任：

事故发生单位主要负责人有下列行为之一的，处上一年年收入 40％至 80％的罚款；属于国家工作人员的，并依法给予处分；构成犯罪的，依法追究刑事责任：

（1）不立即组织事故抢救的；

（2）迟报或者漏报事故的；

（3）在事故调查处理期间擅离职守的。

事故发生单位主要负责人未依法履行安全生产管理职责，导致事故发生的，依照下列规定处以罚款；属于国家工作人员的，并依法给予处分；构成犯罪的，依法追究刑事责任：

（1）发生一般事故的，处上一年年收入 30％的罚款；

（2）发生较大事故的，处上一年年收入40%的罚款；

（3）发生重大事故的，处上一年年收入60%的罚款；

（4）发生特别重大事故的，处上一年年收入80%的罚款。

2）事故发生单位及其有关人员的法律责任

事故发生单位及其有关人员有下列行为之一的，对事故发生单位处100万元以上500万元以下的罚款；对主要负责人、直接负责的主管人员和其他直接责任人员处上一年年收入60%至100%的罚款；属于国家工作人员的，并依法给予处分；构成违反治安管理行为的，由公安机关依法给予治安管理处罚；构成犯罪的，依法追究刑事责任：

（1）谎报或者瞒报事故的；

（2）伪造或者故意破坏事故现场的；

（3）转移、隐匿资金、财产，或者销毁有关证据、资料的；

（4）拒绝接受调查或者拒绝提供有关情况和资料的；

（5）在事故调查中作伪证或者指使他人作伪证的；

（6）事故发生后逃匿的。

3）事故发生单位的法律责任

事故发生单位对事故发生负有责任的，依照下列规定处以罚款：

（1）发生一般事故的，处10万元以上20万元以下的罚款；

（2）发生较大事故的，处20万元以上50万元以下的罚款；

（3）发生重大事故的，处50万元以上200万元以下的罚款；

（4）发生特别重大事故的，处200万元以上500万元以下的罚款。

4）安全生产监督管理部门的法律责任

有关地方人民政府、安全生产监督管理部门和负有安全生产监督管理职责的有关部门有下列行为之一的，对直接负责的主管人员和其他直接责任人员依法给予处分；构成犯罪的，依法追究刑事责任：

（1）不立即组织事故抢救的；

（2）迟报、漏报、谎报或者瞒报事故的；

（3）阻碍、干涉事故调查工作的；

（4）在事故调查中作伪证或者指使他人作伪证的。

5）参与事故调查的人员的法律责任

参与事故调查的人员在事故调查中有下列行为之一的，依法给予处分；构成犯罪的，依法追究刑事责任：

（1）对事故调查工作不负责任，致使事故调查工作有重大疏漏的；

（2）包庇、袒护负有事故责任的人员或者借机打击报复的。

七、《安全生产违法行为行政处罚办法》

新修订的《安全生产违法行为行政处罚办法》已经于 2007 年 11 月 9 日由国家安全生产监督管理总局局长办公会议审议通过，并于 12 月 11 日以国家安监总局 15 号令公布，自 2008 年 1 月 1 日起施行。

1. 修订的必要性

一是适应当前安全生产行政执法工作的需要；

二是更好地贯彻执行新近出台的安全生产法律、行政法规的需要；

三是总结行政执法经验，提高行政执法能力的需要；

四是进一步严格规范行政处罚程序的需要。

2. 修订的主要内容

1）补充了行政处罚的种类

（1）警告；

（2）罚款；

（3）责令改正、责令限期改正、责令停止违法行为；

（4）没收违法所得、没收非法开采的煤炭产品、采掘设备；

（5）责令停产停业整顿、责令停产停业、责令停止建设、责令停止施工。

（6）暂扣或者吊销有关许可证，暂停或者撤销有关执业资格、岗位证书；

（7）关闭；

（8）拘留；

（9）安全生产法律、行政法规规定的其他行政处罚。

2）统一了暂扣有关许可证、暂停有关执业资格、岗位证书的期限

对暂扣许可证处罚的期限，由于法律规定不明确，执行中不好掌握。有的地方久扣不决，甚至变相为吊销许可证，致使生产经营单位被迫关停，并由此引发了行政复议和行政诉讼。为此，《规定》第六条第三款增加了“暂扣、吊销有关许可证和暂停、撤销有关执业资格、岗位证书的行政处罚，由发证机关决定。其中，暂扣有关许可证和暂停有关执业资格、岗位证书的期限一般不得超过 6 个月；法律、行政法规另有规定的，依照其规定”的规定。

3）允许行政处罚委托乡镇、街办安监机构实施

4）完善了与行政处罚相关的一些程序

一是现场处理措施；

二是查封、扣押等行政强制措施；

三是隐患排除治理及其验收；

四是《办法》第二十四条至第二十七条，对开展现场检查笔录、证据的调

取、证据的先行登记保存、有关物品和场所的勘验检查等工作，作出了更明确的规定；

五是《办法》第三十九条、第四十条分别增加了听证中止和终止的规定。

5）规范了行政处罚的具体适用

一是对《安全生产法》《安全生产许可证条例》等法律、行政法规中罚款幅度较大的处罚，《办法》第四十六条、第四十八条进行了分档，以保证处罚的正确、适当。

二是对原《办法》规定的部分安全生产违法行为提高了罚款的额度。《办法》第四十四条、第四十五条将原《办法》第三十七条、第三十八条和第四十七条规定的罚款额度，由 1 万元以下提高到 1 万元以上 3 万元以下。

三是对现行法律、行政法规尚未规定处罚但又常见的违法行为增设了罚款的处罚。主要有：《办法》第四十四条规定的“三违”“三超”行为，第四十九条规定的为无安全生产许可证非法生产的单位提供生产经营条件的行为，第五十条规定的有关单位及其人员弄虚作假、骗取安全生产许可证及有关批准文件，以及不依法办理安全生产许可证书变更手续的行为，第五十一条规定的未取得相应资格、资质证书从事中介活动的行为。

四是为了精简条文、压缩篇幅，对地方各级安全监管监察部门已经比较熟悉，在法律、行政法规中已有规定，且不需要细化的内容作了删除。它们是：原《办法》第三十九条至第四十六条、第五十条至第六十一条、第六十九条。

6）明确了安全生产违法所得的计算方法

在具体处罚过程中，一些地方安全监管监察部门对如何计算违法所得，希望国家安监总局规定可操作的计算标准。为此，《办法》第五十七条规定，生产、加工产品的，以生产、加工产品的销售收入作为违法所得；销售商品的，以销售收入作为违法所得；提供安全生产中介、租赁等服务的，以服务收入或者报酬作为违法所得。此外，销售收入无法计算的，按当地同类同等规模生产经营单位平均销售收入计算；服务收入、报酬无法计算的，按照当地同行业同种服务平均收入或者报酬计算。需要指出的是，本条规定的销售收入、服务收入和报酬等指的是不扣除成本，全部予以没收。

7）关于煤矿安全生产违法行为的处罚及其程序。

鉴于现行有关法律、行政法规对煤矿安全违法行为及其行政处罚另有特殊的规定，不宜完全适用《办法》。因此，《办法》只对共同的安全生产违法行为和实施行政处罚的程序等内容作出了适用于煤矿的规定。对于法律、行政法规中关于煤矿安全违法行为及其行政处罚的特殊规定，依据《办法》第二条第二款规定，仍然适用原国家局 4 号令公布的《煤矿安全监察行政处罚办法》。

八、《安全生产行政复议规定》

《安全生产行政复议规定》于 2007 年 9 月 25 日由原国家安全生产监督管理总局令第 14 号发布，自 2007 年 11 月 1 日起施行。原国家经济贸易委员会 2003 年 2 月 18 日公布的《安全生产行政复议暂行办法》和原国家安全生产监督管理局（国家煤矿安全监察局）2003 年 6 月 20 日公布的《煤矿安全监察行政复议规定》同时废止。

根据规定，公民、法人或者其他组织对安全监管监察部门作出下列行政处罚决定不服的，可以申请行政复议。包括：

1. 行政强制措施；

2. 行政许可的变更、中止、撤销、撤回等决定；

3. 认为符合法定条件，申请安全监管监察部门办理许可证、资格证等行政许可手续，安全监管监察部门没有依法办理的；

4. 认为安全监管监察部门违法收费或者违法要求履行义务的；

5. 认为安全监管监察部门其他具体行政行为侵犯其合法权益的。

《规定》还明确，安全监管和监察部门对生产安全事故调查报告、生产安全事故隐患等所做的认定不属于安全生产行政复议范围。

根据规定要求，对国家安全生产监督管理总局与国务院其他部门共同做出的具体行政行为不服的，可以向国家安全生产监督管理总局或者共同做出具体行政行为的其他任何一个部门提起行政复议申请，由做出具体行政行为的部门共同作出行政复议决定。

此外，规定指出，申请人在申请行政复议时一并提出行政赔偿请求，安全生产行政复议机关对符合国家赔偿法有关规定应当给予赔偿的，在决定撤销、变更具体行政行为或者确认具体行政行为违法时，应当同时决定对被申请人依法给予赔偿。

参考文献

[1] JGJ1—2014 装配式混凝土结构技术规程．北京：中国建筑工业出版社，2014.

[2] DB34/T 1874—2013 装配式剪力墙结构技术规程（试行）．合肥：安徽省工程建设标准设计办公室，2013.

[3] DBHJ/T013—2014 装配整体式建筑预制混凝土构件制作与验收导则．合肥：合肥市城乡建设委员会，合肥市质量技术监督局，2008.

[4] 建设部人事教育司．木工．北京：中国建筑工业出版社，2002.

[5] 建设部人事教育司．钢筋工．北京：中国建筑工业出版社，2002.

[6] 建设部人事教育司．混凝土工．北京：中国建筑工业出版社，2002.

[7] 建设部工程质量安全监督与行业发展司．建筑工人安全操作基本知识读本．北京：中国建筑工业出版社，2002.

[8] 张伟，徐淳．建筑工程施工技术．上海：同济大学出版社，2010.

[9] 廖代广，孟新田．土木工程施工技术．武汉：武汉理工大学出版社，2006.

[10] DB 34/T 5043—2016 装配整体式混凝土结构工程施工及验收规程．合肥：安徽省住房和城乡建设厅、安徽省质量技术监督局，2016.